生活中的博弈论

Understanding the
Mathematics of Life

[英] 布莱恩 · 克莱格 (Brian Clegg) 著
贾东　译

GAME THEORY

中国原子能出版社　中国科学技术出版社
· 北　京 ·

图书在版编目（CIP）数据

生活中的博弈论 /（英）布莱恩·克莱格（Brian Clegg）著；贾东译 . -- 北京：中国原子能出版社：中国科学技术出版社，2023.11

书名原文：GAME THEORY：UNDERSTANDING THE MATHEMATICS OF LIFE

ISBN 978-7-5221-2918-1

Ⅰ . ①生… Ⅱ . ①布… ②贾… Ⅲ . ①成功心理—通俗读物 Ⅳ . ① B848.4-49

中国国家版本馆 CIP 数据核字（2023）第 161592 号

策划编辑	杜凡如　王秀艳	**特约编辑**	杜凡如
责任编辑	付　凯	**文字编辑**	王秀艳
封面设计	东合社·安宁	**版式设计**	蚂蚁设计
责任校对	冯莲凤　邓雪梅	**责任印制**	赵　明　李晓霖

出　　版	中国原子能出版社　中国科学技术出版社
发　　行	中国原子能出版社　中国科学技术出版社有限公司发行部
地　　址	北京市海淀区中关村南大街 16 号
邮　　编	100081
发行电话	010-62173865
传　　真	010-62173081
网　　址	http://www.cspbooks.com.cn

开　　本	880mm × 1230mm　1/32
字　　数	102 千字
印　　张	6.75
版　　次	2023 年 11 月第 1 版
印　　次	2023 年 11 月第 1 次印刷
印　　刷	北京盛通印刷股份有限公司
书　　号	ISBN 978-7-5221-2918-1
定　　价	59.00 元

目录
CONTENTS

第 5 章 如果一开始您没有成功

第6章

去一次，去两次

第 1 章
游戏和现实世界
CHAPTER 1

很多年前，当我第一次购买关于博弈论的教科书时——在这之前我从未接触过这个术语，我觉得被骗了。我当时以为书里的内容会比较有趣，会告诉我在纸牌游戏、“西洋十五子棋”和“大富翁”中获胜的最佳策略。我希望书里有对游戏背后数学运算的有趣分析，还希望书里有关于指导我创建有趣的棋盘游戏的内容。实际上，我发现书里穿插了大量数学公式，还描述了一系列没人玩过的“游戏”，这些“游戏”的分析表与其说是给出指导，不如说是为了表明在“游戏”中得到有用的结果是多么不可能。不过，当我读的博弈论文献越多，博弈论在我眼中就与我最喜欢的科幻经典越接近。

艾萨克·阿西莫夫（Isaac Asimov）在其 20 世纪 50 年

代的《基地》(*Foundation*)系列科幻小说(2021年拍成电视剧)中提出了“心理历史学”的概念——基于对人类心理和大众行为的理解预测未来的假想数学机制。实际上，心理历史学永远不会有效。那些收集大量数据来预测选举结果或英国脱欧公投等决定的民调专家一再失败。这表明人们已经形成了一个过于复杂的系统，因而无法从数学角度预测可靠的结果。然而，借助于物理学中采用的经典建模方法，博弈论的确可实现心理历史学的一些预示。

在物理学中采用的数学模型将复杂的系统设为物体及其相互作用的简化组合，通常会忽略系统中难以处理的方面(我们将会注意到这种情况正在发生)。例如，我们熟悉的牛顿运动定律似乎并未恰当地描述现实世界。牛顿第一定律指出：除非受到外力的作用，否则任何物体将一直保持原有的运动状态。但在日常生活中，摩擦力和空气阻力这样的反作用力无处不在。不过，为了方便起见，数学模型通常会忽略这些反作用力，因为它们增加了事物的复杂性而且难以解释。这意味着数学模型并不能反映现实，因为现实中存在摩擦力和空气阻力，不会出现只要推一下，球就会在光滑平面上一直滚动下去的现象。但是，数学模型便于简化计算并反映现实的近似情形。类似地，通过尽可能简化人类互动和决策的数学模型，博弈论有助于人们理解这些过程。

博弈论源于研究数学概率，以把握赌博游戏和其他娱乐活动。在掷骰子或抛硬币等游戏和活动中，结果取决于随机源。不过，20 世纪上半叶，某些个人和半官方美国机构研究游戏中的一些基本数学方法，并开始将这些方法应用于经济学或战争等需要决策的问题上。

以“博弈论”名义研究的领域脱离了“真正的”游戏。该领域完全是关于策略的——在两个或更多玩家有一组选项时，获胜的最佳策略是什么。游戏从娱乐变成了非常严肃的事情。这种转变幅度很大，以至于研究博弈论的那些人常常完全忽略了世界上其他人所说的“游戏”。不过，我认为从博弈论的角度来看，许多熟悉的游戏之所以不那么有趣，要么是因为它们随机性太强，没有策略可言，要么是因为它们太复杂，无法制定策略。

这里有必要谈谈“策略”这个词，因为它经常被误用。策略在博弈论中有专门的含义，策略是实现目标的计划。不过，正如 J. D. 威廉姆斯（J. D. Williams）在其 20 世纪 60 年代的著作《策略师大全》(*The Compleat Strategyst*) 中所言，“在博弈论中，策略是指任何完整计划”。一般而言，策略通常是指尽最大努力去实现某件事。但是，在博弈论中，策略是一切玩游戏的任何完整计划（无论是好还是坏）。例如，在国际象棋中，策略可能为总是下离棋盘左下角最近、可以移动的棋子，该策略失败的可能性相当大。但是，从博弈论的角度来看，这仍然是一种策略。

初期的博弈论旨在分析两个玩家在气势汹汹的决胜局中正面交锋的情况。然而，近年来博弈论最有价值的影响在于设计用于无线电波带宽拍卖的专门机制。

→ 无线电波带宽市场 ←

“频谱”这个词暗示了这些市场出售的是一系列频率的光谱，但这里指的不是可见光，而是通常用于手机和无线（局域）网（Wi-Fi）的无线电波的频率范围。

历史上，无线电波带宽（在通信中，指信号的频率分布范围）主要用于广播电台和电视，它们可以用相对较少的发射机向许多接收机发送信号。由于不同发射机和应用之间有重叠，而且最初使用的技术比较原始，因此大量无线电波带宽被分配给了广播机构。

电磁波谱指按波长或频率的顺序所排列的各种电磁波。如图 1-1 所示，波长是波在传播过程中，每个连续周期中等效点之间的距离。频率是波在 1 秒内所完成完整周期的数量，它的单位是赫兹。

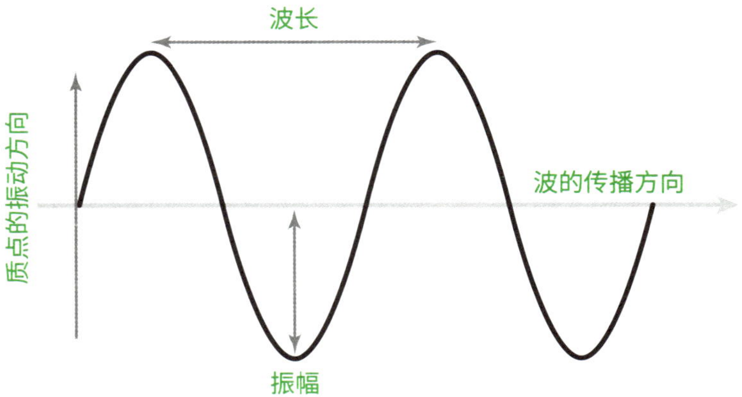

图 1-1　波的结构（以横波为例）

电磁波（包括无线电波、红外线、可见光、紫外线、X

射线和 γ 射线）的频率从几赫兹到数百艾赫兹❶。等效波长从几十万千米到若干皮米❷不等。

无线电波位于电磁波谱的底端，频率最低，波长最长，最小波长约为 1 毫米，最高频率约为 300 吉赫兹❸（GHz）。无线电波中频率较高的部分通常被称为“微波”，最初用于通信和雷达，现在也用于微波炉。

手机和无线互联网的发展，打破了无线电波的波段限制。

全球手机拥有量大幅上升。20 世纪 90 年代中期，大约 5% 的世界人口拥有手机。到 2015 年，许多国家的手机保有量超过了人口数量，因为有的用户会拥有多部手机，并且还有的用户可能拥有除手机外的其他运用蜂窝数据的设备。

近年来，使用无线（局域）网将设备连入互联网已经

---

❶ 1 艾赫兹 $=1\times10^{18}$ 赫兹。——译者注

❷ 1 皮米 $=1\times10^{-12}$ 米。——译者注

❸ 1 吉赫兹 $=1\times10^{9}$ 赫兹。——译者注

非常普遍，而且会有越来越多的手机占用无线电波带宽。无线电波带宽描述无线电广播使用的频率或波长的范围。设备传输数据的速率越快，设备需要的无线电波的带宽就越大。随着智能手机技术将手机从纯粹的通信设备升级为功能强大的掌上电脑，手机开始占用更多无线电波带宽来传输数据。为了满足这种需求，电信运营商已经通过 3G（第三代移动通信技术）、4G、5G 的技术迭代，提供以前只能通过固定光纤连接才能实现的数据传输速率。

与此同时，电视——历史上最大的无线电波带宽消耗品之一——正在经历由两个阶段组成的变革。电视变革的第一个阶段是电视信号的传输从模拟频道转向数字频道。与模拟频道相比，数字频道占用的无线电波带宽要少得多——因为数据在传输前经过压缩，所以有可能释放更多的无线电波带宽用于移动设备的数据传输。电视变革的第二个阶段是从播送转向流播——这个改变刚刚开始，但将永远改变电视观看途径。目前，已有一定比例的人主要通过互联网观看电视节目。假以时日，所有电视节目均将在互联网上被观看，电视占用的无线电波带宽将被释放出来。

无线电波带宽变现

我们来看在美国将部分电视占用的无线电波带宽转给移动设备使用的例子。它生动地体现了博弈论是如何发挥作用的。

2017 年，监管美国电信的美国联邦通信委员会（FCC）意识到他们有机会调整许多电视台所使用的无线电波带宽，为移动设备传输数据释放无线电波带宽。具体而言，他们着眼于 600 兆赫兹电视信号频段[1]的顶端，这个频段在传统上被称为特高频（UHF）。这是个特别有用的无线电波带宽，因为它在无线电波频谱上与现有的手机信号频段相邻，具有适当的范围，并能有效穿透建筑物的墙壁——这对于移动信号而言至关重要。

负责实现这一点的技术团队面临两个挑战：确保电视信号的需求仍然得到满足，尽管可能在不同频段上；从希望获得牌照、为客户提供更多可用无线电波带宽的电信运

[1] 频段指介于两个已定义界限之间的频谱。——编者注

营商那里获得最多资金。

优化电视信号频段分配时，运用了复杂的数学算法；而从博弈论的角度来看，该过程的有趣之处是向电信运营商分配牌照的机制。美国联邦通信委员会采用拍卖这种古老的机制在多个竞争的意向方之间出售无线电波带宽，同时运用博弈论来调整拍卖策略。

请记住，博弈论不仅仅是玩传统游戏——它是设计策略和在与对手较量时决策的机制。参与拍卖正是博弈论旨在处理的那种过程：竞价者是游戏中竞争的“玩家”，“奖品”是获得无线电波带宽。在此过程中，有多少可用信息对于游戏的策略调整至关重要，这已成为复杂拍卖设计的核心。所以，策略的有效程度往往取决于我们有多了解对手的欲望和策略。在了解如何做到这一点之前，我们有必要看看影响博弈论发展的一款简单游戏——扑克。

信息和游戏

大部分扑克游戏都遵循类似的规则——总是牌值较高

者赢。扑克有很多形式。在称为“抽牌”的游戏中，玩家的牌是隐藏的。玩家只能从对手下注方式、言语和肢体语言推断对手手中的牌。不过，梭哈扑克（玩家的一些牌正面朝上）和得州扑克（一套公开展示的牌构成每个玩家的牌的一部分）等玩法会为玩家提供对手手中的牌的信息。

不过，如果每手牌里的所有牌总是可以看到的，还能称得上是游戏吗？如果每个人都知道其他玩家手里的牌，他们就能推断出对手可能会做什么（除非他们非常愚蠢）。毕竟，有多少可用信息会强烈影响玩家制定适当策略的能力。

我们往往将拍卖视为市场，但它的力量在于信息分享机制。它揭示拍卖游戏玩家（竞价者）的偏好，表明他们倾向于以多大代价获得特定结果。除非他们忘乎所以、失去理智，否则游戏玩家的出价不会高于他们认为在售物品的价值。这一点至关重要，因为最初没有人知道物品的价值。尽管我们习惯了很多东西都有标价，但这标价也是人为标定的。事实上，出售的某物品只值某人愿意支付的价格。因此卖方通过猜测来标价，看看是否有人会购买。不过，拍卖是在游戏玩家群体中建立价值的工具。

在 2017 年美国无线电波带宽拍卖过程中，拍卖的游戏力量得到双重运用，首先用于电视公司，然后用于电信运营商。第一阶段是通过拍卖来了解电视公司——这些公司有偿释放其部分无线电波带宽并转向新带宽。——认为释放的带宽价值多少。这涉及“逆向”拍卖：与传统拍卖不同，逆向拍卖只有一个买家但有多个卖家，而拍卖方为每家电视台设定起拍价。参与美国联邦通信委员会工作流程的英国牛津郡（Oxfordshire）哈韦尔（Harwell）史密斯研究所（Smith Institute）所长罗伯特·李斯（Robert Lees）指出：“设置初始价格时考虑了每家电视台的覆盖区域和覆盖人口。因此，覆盖大面积城市人口的电视台在逆向拍卖中的初始价格会较高。另一个考虑是将价格定在足以吸引电视台高度参与的水平。”

如果某电视台接受了报价，那么它就在拍卖过程中留下。如果电视台拒绝了报价，那么它就会退出，并可以保留现有无线电波带宽，但它就无法获得转向新频道（这需要它花钱，因为需要更换广播设备和调整客户电视的接收频率）所需的资金。在下一轮中，价格调低，该流程重复。最终将没有新频道可供选择。此时，拍卖停止，其他电视台将放弃其带宽获得用于支付该级别的报价的资金——前提是有足够的资金可用于支付该报价。

当所需的带宽量被释放后，在美国联邦通信委员会和移动网络之间就会开启第二种拍卖方式——更传统的“正向”拍卖。被释放出来的带宽频段设有起拍价，愿意支付报价的任何人均可参加拍卖。然后，价格上涨；随着价格上涨，支付不起的玩家逐渐退出，直到最后的玩家出现。

这并不是整个流程的结束，因为竞价可能会过早结束，无法为带宽释放提供资金。在这种情况下，拍卖废弃，并以更小的带宽单位重新开始，直至取得成功的结果。有别于之前的很多无线电波带宽拍卖活动，这个拍卖活动的独特之处在于双向拍卖。拍卖过程对电信运营商而言习以为常，但是对电视公司来说却是新鲜事儿。

罗伯特·李斯表示：“联邦通信委员会花了大量时间与（电视公司）沟通，以确保它们理解这一流程，而且它们的所有关切均得到回应。拍卖设计的一个关键原则是电视公司的参与应该尽可能简单。美国联邦通信委员会从未要求它们从多于三个的选项中选择。另一个关键原则是：电视公司可以随时退出该流程（或起初就不参与），而且确信它们的信号干扰最终不会严重差于拍卖前的情况。”

博弈论对于设计这种拍卖机制至关重要，因为拍卖很容易出错。我们将会在第 6 章中看到：由于没有预测竞价者的策略，一些无线电波带宽拍卖一败涂地。但是，在 2017 年美国联邦通信委员会流程中，拍卖方凭借被释放的带宽筹集了将向电视行业支付的逾 100 亿美元的资金，以及逾 70 亿美元的政府盈余。

我们将会看到博弈论如何发展到历史的这一步，以及它如何由于计算机反复玩游戏的能力而发展，但是为了理解博弈论的基础要点，我们需要回顾早期对概率游戏的数学解释。

第2章
下注
CHAPTER 2

最初的游戏理论是基于机会的数学——概率。当时研究的一些游戏纯粹是概率性的，其他游戏则将概率跟策略和决策结合起来。

最简单的概率游戏是基于抛硬币的游戏。抛硬币游戏的好处是所需工具非常简单，而且硬币在空中旋转的过程相当优美。严格地说，抛硬币并不完全公平，因为结果是抛掷开始时朝上的那一面的可能性通常略大于结果是另一面——但合理估计是：一枚公平的硬币在任何特定的抛掷中结果为正面或反面的概率都是 50%。

基于抛硬币的游戏的最简单版本只是预测正面或反面。由于该游戏的结果完全是随机的，不可能有策略，因此它不属于博弈论的范畴。不过，如果多次抛掷，情况就有趣多了。为了理解发生的情况，我们需要明白意大利物理学家吉罗拉莫·卡尔达诺（Girolamo Cardano）的想法。他撰写的《论赌博游戏》（*Liber de Ludo Aleae*）一书是对游戏中概率的首次系统探究。[1]

卡尔达诺的研究带来的创新之一是用分数来表示概率：如果我们抛一枚公平的硬币，那么在一半的情况下结果会是正面朝上，在另一半的情况下结果会是反面朝上。因此，我们可以将结果为正面的概率表示为 $\frac{1}{2}$，将结果为反面的概率表示为 $\frac{1}{2}$，所有结果的概率总和应该总是 1。“分数”这种数字表示方法极其有用，因为它方便了人们从研究单个事件的概率转向研究多个事件的概率。为了便于进一步阐述，我们暂且搁置硬币游戏，来看看如何计算概率。

我们来看看掷骰子。每个标准骰子有 6 种可能的结果：

---

[1] 卡尔达诺的书写于 16 世纪 60 年代，但直到 1663 年也就是他去世后过了 87 年才出版，可能是因为赌博在当时为人不齿。

公平骰子每种结果的可能性应该是相等的，[1] 即从 1 到 6 的每个数字在一次抛掷中出现的概率均为 $\frac{1}{6}$。卡尔达诺指出，如要获得多种结果中任何一种结果，就要增加概率。例如，掷一个骰子得到 1 点或 2 点的概率是 $\frac{1}{6}+\frac{1}{6}=\frac{1}{3}$，得到 1 点、2 点或 3 点的概率是 $\frac{1}{6}+\frac{1}{6}+\frac{1}{6}=\frac{1}{2}$。类似地，卡尔达诺计算出第一次掷出 6 点、第二次又掷出 6 点（或者同时掷两个骰子均掷出 6 点）的概率是 $\frac{1}{6}\times\frac{1}{6}$，即 $\frac{1}{36}$。

卡尔达诺还设想了更复杂的情况：掷两个骰子中的任何一个或者一个骰子在两次抛掷中任何一次得到 6 点的概率。在这种情况下，我们不能只是将概率相加（否则，掷 6 个骰子或 6 次掷骰子，必定会得到 6 点）。我们知道掷一次骰子得到 6 点的概率是 $\frac{1}{6}$，所以没得到 6 点的概率是 $\frac{5}{6}$。这意味着掷骰子一次没得到 6 点、第二次又没得到 6 点的概率是 $\frac{5}{6}\times\frac{5}{6}$，即 $\frac{25}{36}$。这是两次抛掷均未得到 6 点的概率，

[1] 就像很难认定抛硬币是公平的一样，掷骰子的结果通常会略微偏向 6 点。这是因为表示数字的“点”通常凹进去——这意味着 6 点那一面比只有 1 个点的对面稍微轻一些。

因此得到至少 1 个 6 点的概率是 $1-\frac{25}{36}$，即 $\frac{11}{36}$，也就是概率不到 $\frac{1}{3}$。

凭借这种概率计算，我们可根据掷两个或更多骰子的结果来制定策略。[1] 如果游戏中有不止一个骰子，那么不同结果的概率也不同。如有两个骰子，最可能的点数之和是 7，它有 $\frac{6}{36}$（即 $\frac{1}{6}$）的概率出现。相比之下，点数之和为 2 或 12 的概率只有 $\frac{1}{36}$，而点数之和为 5 或 9 的概率为 $\frac{4}{36}$（即 $\frac{1}{9}$）。了解这些概率在“西洋十五子棋”[2] 或“大富翁”等需要掷两个骰子的游戏中意义重大。

隐藏的策略

回到抛硬币。在比抛掷一次更复杂的游戏中，适当策

---

[1] 虽然现在相对不常见，但早期的许多骰子游戏取决于掷三个骰子的结果。

[2] 也称为“西洋双陆棋”或“十五子棋戏”（棋盘上有楔形小区，两人玩，掷骰子决定走棋步数）。——译者注

略就显的更重要。设想玩家的目标不是特定抛掷结果——正面（H）或反面（T），而是得到正面和反面的特定序列。例如，玩家可选择三个结果的序列，然后反复抛硬币，直到该序列出现。得到这个序列所需的抛掷次数就是玩家的得分——在每个人都抛过后，得分最低的玩家获胜。

鉴于正面和反面出现的概率相同，您可能会以为，针对抛掷结果序列设计出有用策略的可能性不会高于针对抛一次硬币设计出有用策略。不过，我们设想一下：如果某玩家试图在序列 HTT 和序列 HTH 之间做出决定，那么会怎样。如果一枚硬币就抛三次，那么这些序列中每个序列出现的概率完全相同——$\frac{1}{8}$，此时玩家选择哪个序列并不重要。但是，如果规则是：一直抛掷，直到选定的序列出现，适当的策略就会给玩家带来优势。比如，选择 HTT 优于 HTH——这是在结果不如预期时的最佳方案。

在任一种情况下，在抛出 HT 之前，您都没有获胜机会。因此，如果您的选择在下一次出现，那么您就获胜——但是如果第三次抛掷并未如您所愿，那么结果就不同了。假设您选择 HTH，但是前三次抛掷结果是 HTT。此时如要再次抛出 HT，您就需要先抛出 H 再抛出 T——这种情况发生的概率是 $\frac{1}{4}$。但是如果您的策略是 HTT，而前三次抛掷结果是 HTH，那么您在序列中的第一次抛掷中已经有了 H，因此现在您只需抛出 T——概率是 $\frac{1}{2}$——即可获得 HT。与直觉相反，试图抛出 HTT 获胜的概率大于试图抛出 HTH。

涉及重复抛掷硬币的游戏通常需要仔细评估最佳策略是什么——这体现于 18 世纪的两位著名数学家丹尼尔·伯努利（Daniel Bernoulli）和尼古拉·伯努利（Nicolaus Bernoulli）这对堂兄弟设计的深奥游戏。跟其他许多游戏一样，玩这款游戏的策略取决于丹尼尔·伯努利提出的“期望值”概念。

值多少?

假设您有参加抛硬币游戏的两个选择：如果抛出正面，那么您可以赢得 100 英镑；如果您连续两次抛出正面，那么您可以赢得 200 英镑。哪个挑战收益更大?（在这种奖金异常丰厚的游戏中，您不会因为任何其他结果而得到什么，但是您也不会失去什么）期望值——也称为“预期回报”——的计算方法是结果乘获得该结果的概率。在这款游戏的单抛硬币模式下，您获得 100 英镑的概率是$\frac{1}{2}$，因此，期望值是 100 英镑 × $\frac{1}{2}$ =50 英镑。对于需要两次抛掷的游戏，您获得 200 英镑的概率是$\frac{1}{4}$，因此期望值是 200 英镑 × $\frac{1}{4}$ =50 英镑，即与前一个模式相同。

在所有条件均相同的情况下，丹尼尔·伯努利的期望值概念意味着您不应该在乎您选择哪个模式，毕竟每个模式的期望值是相同的。如果您多次玩这款游戏，那么您有望从任一种模式下得到大致相同的奖金。不过，细节决定成败。玩一次游戏的话，在奖金为 100 英镑模式下获胜的概率是在奖金为 200 英镑模式下的两倍。虽然这两个模式的期望值相同，但是影响策略的还有丹尼尔·伯努利提出的另一个重要概念——结果的效用。

效用体现潜在的收益或损失对您个人有多重要。毕竟，100 英镑的分量对于百万富翁和处于贫困线上的人而言大不相同。如果您并不特别在乎在这种游戏中是否赢钱，那么您很可能会为了更大的潜在回报而冒额外的风险，从而选择 200 英镑游戏。但是如果能赢钱比赢大钱更重要，那么您最好选择 100 英镑游戏。

有了这些概念，我们现在已准备好详细了解伯努利设计的深奥游戏。在这款游戏中，您反复抛硬币，直到抛出正面；此时，游戏结束。如果第一次抛掷结果是正面，那么您赢得 1 英镑。如果第二次抛出正面，那么奖金翻倍：2 英镑。如果在第三次抛掷之前没有抛出正面，那么奖金再翻倍：4 英镑。如果抛了 4 次才抛出正面，那么您赢得 8 英镑……以此类推，无论抛多少次。不过，与奖金丰厚的上一款游戏不同，这款游戏有进入成本，因此您需要决定支付多少来玩这款游戏。

如果进入成本是 50 便士，那么策略就微不足道了——您一定会赢至少 1 英镑，所以您一定要玩。即便成本是 1 英镑，您也可以参与，因为无论结果如何，您都可以拿回您的赌注——您不会赔钱的。但是您的赌注应该高于 1 英镑吗？如果是，应该高多少？我们需要丹尼尔·伯努利的“期望值”和“效用”概念来制定您的最佳策略。

为了计算期望值，您需要考虑游戏的所有可能结果，因为游戏没有限制抛掷次数。获得 1 英镑的概率是 $\frac{1}{2}$，因此第一次抛掷为期望值贡献 50 便士。获得 2 英镑的概率是 $\frac{1}{4}$，因此第二次抛掷另为期望值贡献 50 便士。获得 4 英镑的概率是 $\frac{1}{8}$——因此又为期望值贡献 50 便士。在可能抛掷的无限集合中，每次抛掷的期望值都是 50 便士。因此，总期望值是无限的。[1] 单就期望值而言，无论游戏的进入成本是多少，都值得一玩。

不过，当我们引入“效用”概念时，事情看起来就不一样了。概率最大的是赢得 1 英镑，而赢得 128 英镑或更多奖金的概率只有 $\frac{1}{128}$。也就是说，奖金越高，概率越小。显然，除了冲动的亿万富翁，没人会花巨资（比如 100 万美元）去参加概率最大的奖金仅为 1 英镑的游戏，因为参与者赢得超过 100 万英镑的概率是 $\frac{1}{1048576}$——比百万分之一的概率还要低。选择策略时必须考虑对特定玩家而言

---

[1] 实际上，真实的游戏不可能永远持续下去，但是我们可以说期望值没有上限。

的效用。微不足道的金额因人而异，它可能是 1 英镑，也可能是 100 万英镑——取决于个人财富。毕竟，玩家在这种游戏中冒险支付的金额超过其可以轻易承受的损失是下策。

尽管历史上已经设计了许多方案和制度，但是对于公平概率游戏的那些玩家来说，没有策略可用——因为在这种游戏中，玩家没有决定可做，只能等待一次抛硬币或掷骰子的结果。但是，可能应用博弈论的游戏是存在的，并且有很多。

在下文中，我们将探究“圈叉游戏”[noughts and crosses，也称“井字游戏”（tic-tac-toe）]、“西洋十五子棋”、“大富翁”和围棋——复杂性逐渐提高。

失败不应该是一个选项

“圈叉游戏”表明，需要策略并不意味着游戏复杂：在这款游戏中，策略是决定结果的唯一因素——不涉及概率。在有两个玩家的一些游戏中，遵循最佳策略意味着第一个或第二个玩家总是能赢；但是，在“圈叉游戏”中，完美的策略总是会导致平局。这个策略非常简单：只要有一点经验，几乎所有玩家都能达到完美。如果您在成长过程中不知何故错过了“圈叉游戏”，那也无妨。这款游戏非常简单，在 3×3 的“棋盘”（通常只是在一张纸上画一些线）上玩，如图 2-1 所示。

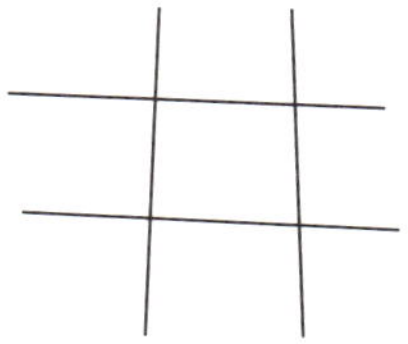

图 2-1 “圈叉游戏”棋盘

玩家轮流在九个空置空格中的一个画一个○或 ×。如果某玩家的三个○或 × 形成一条线（水平、垂直或对角方向），那么他就赢了。好玩家的目标是选择某位置，以便能够形成两条线中的任何一条；这样，对手只能阻挡其中的一条。但如果两个玩家均采取最佳策略，那么上述结果就无法出现——他们会一直平局。

第二个玩家的第一步可以决定其是平局还是输。无论第一个玩家怎样走，只要第二个玩家从角或中腹开始，那总是有可能玩成平局。但是如果第二个玩家从边的中间开始，那么他就可能会被迫输掉，如图 2–2 所示。

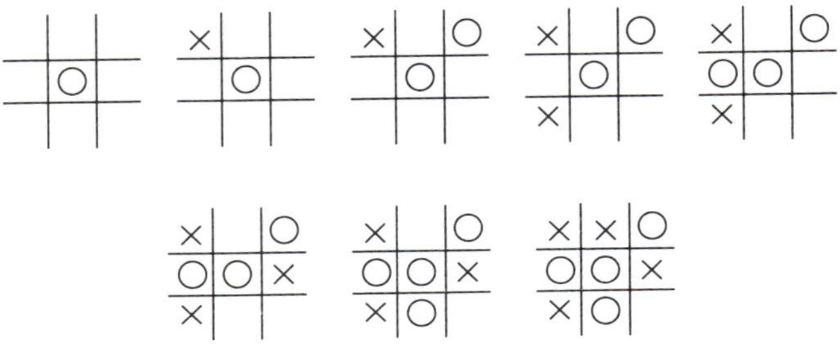

图 2–2　两个玩家的正确策略，平局

在上面的例子中，○先走并选择中腹。× 在某角处做出正确反应，然后为了形成一条直线，○方画了第二个○，× 阻挡，直到不再可能形成三个○一条线。

但是，如果第二个走棋的 × 选择边的中间，那么○可以采用中腹和角的优势组合。现在 × 被迫拦住○的对角线，○可以添加第三个标记以便形成两条可能的攻击线，此时无论 × 阻挡哪条线，○都可以通过形成另一条线来获胜，如图 2–3 所示。

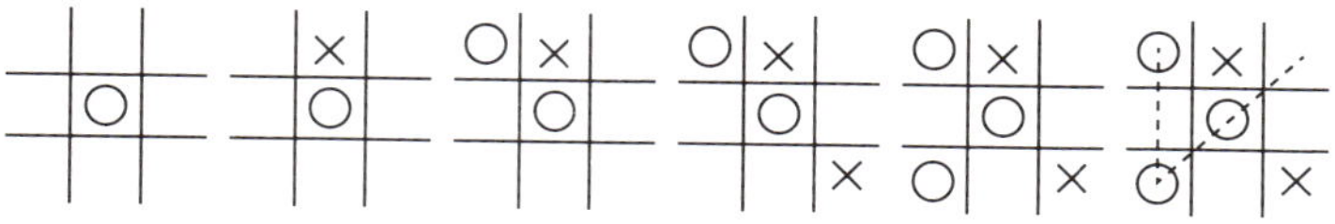

图 2-3　× 采取失败的策略

失败策略的背后是什么？如果在第二局游戏中，× 方在角里标记（就像在第一局游戏中一样），那么该玩家将有两个可能的未来方向来形成两个标记一条线。不过，如果走边的中间，而一个方向已经由○在棋盘中腹切断，那么 × 已经将其选择减半，从而导致失败，除非○的第二步比较失策。

桌游

"西洋十五子棋"比"圈叉游戏"复杂得多，概率和策略均在游戏中起一定作用。这是一种古老的游戏，其变体可以追溯到几千年前，在历史上称为"桌游"。这款游戏的目标是根据抛掷两个骰子的结果在棋盘上移动棋子并最终将棋子从棋盘上拿下（两个骰子的点数分开算，因此掷出 6 和 5 后可以移动 6 个位置和 5 个位置，而不是一次移动 11

个位置）。如果对手的棋子是一个“点”（三角玩法位置的名称）上唯一的棋子，那么玩家可以拿下对手的棋子；但是，如果某点上已有对手的两个或更多棋子，那么玩家就不能在那个点上再放棋子。

影响策略的一个因素是抛掷两个骰子的可能结果。如上所述，7 是概率最大的总点数（因为它可以由 1+6、2+5、3+4、4+3、5+2 和 6+1 组成）；表 2–1 中列出了其他总点数的概率：

表 2–1　两个骰子总点数的概率

总点数	2	3	4	5	6	7	8	9	10	11	12
概率	$\frac{1}{36}$	$\frac{2}{36}$	$\frac{3}{36}$	$\frac{4}{36}$	$\frac{5}{36}$	$\frac{6}{36}$	$\frac{5}{36}$	$\frac{4}{36}$	$\frac{3}{36}$	$\frac{2}{36}$	$\frac{1}{36}$

知道这一点会有用，因为可用的开局一招是将两个骰子的点数应用到同一个棋子上——因此，例如，您可以将一个棋子先移动 6 个位置，然后再移动 5 个位置，这样总共移动 11 个位置，如图 2–4 所示。尽管这种概率对比赛的结果很重要，但是它的重要性会因受阻点数而改变。游戏策略在很大程度上涉及对这些阻挡的处理，原因有二。首

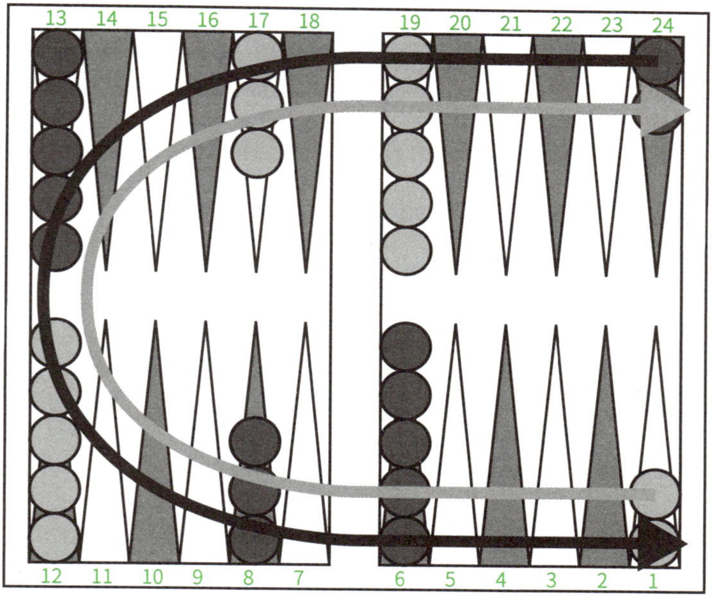

图 2-4 “西洋十五子棋”开始位置，显示移动方向

先，因为需要按照每个骰子上的数值单独移动，所以如果向前移动 5 个位置或向前移动 6 个位置没有受到阻挡，那么一个棋子只能移动 11 个位置（沿用上面的例子）。其次，当某玩家有一个或多个棋子被吃掉时，他在将该棋子（或多个棋子）放回棋盘之前不能采取任何其他行动。根据掷骰子的结果，棋子回到棋盘上玩家开始时的那 $\frac{1}{4}$ 部位。因此，如果白方的某棋子被吃掉，而黑方挡住了该部位的某

（几）点，那么白方就更难回来继续下棋。

“西洋十五子棋”策略的关键方面有多个，其中两个是游戏的开始和结束部分。用任何骰子组合来确定最佳的开局棋步都是可能的。例如，如果掷骰子的结果为 5 点和 6 点，那么有两个棋子的某点上的一个棋子应该移动到棋盘的另一端，而两个单独点数的许多组合（例如 1 和 3 或 2 和 4）应该用于移动棋盘上被两个位置分开的一对棋子中的每一个棋子，从而挡住另外某点。[1]

同样，当游戏结束时，玩家必须将所有棋子放入棋盘上自己那边的最后 $\frac{1}{4}$，然后才能将棋子从棋盘上拿下。通常有两种选择：一种是短距离移动 2 个棋子，另一种是长距离移动 1 个棋子。如果 2 个棋子的移动能让玩家将 2 个棋子放到最后 $\frac{1}{4}$，或者将 2 个棋子完全从棋盘上拿下，那么这是更好的策略，因为这样可能以更少的步数结束棋局。

---

[1] “西洋十五子棋”的一些最佳开局棋步有争议。例如，虽然优秀玩家肯定会按描述对待两个单独的大多数抛掷结果，但是这些玩家中的一些人更喜欢 6 和 4 的组合。

虽然看起来很简单，但是“西洋十五子棋”棋盘上有大约 10^{17} 个可能的位置组合，扩大策略范围的因素是游戏中“翻倍”的能力。默认情况下，赢得游戏后，玩家会获得一分（或货币单位）。如果某玩家在另一名玩家将棋盘上任何棋子拿掉之前完成游戏，那么该值将增加到 2 分（称为“大胜”）；如果某玩家完成游戏，而另一名玩家在棋盘上其第一个 $\frac{1}{4}$ 部位还有至少一个棋子，那么该值将增加到 3 分（称为“全胜”）。

不过，在轮到自己时，任何一个玩家均有机会将游戏的数值翻倍。如果另一名玩家接受，那么赢家可以得到的点数翻倍——如果另一名玩家不接受，那么提供双倍点数的玩家立即获胜，获得游戏的当前数值。一旦一个玩家翻倍并得到接受，则只有另一个玩家可以翻倍——该权限在玩家之间来回传递。

翻倍通常被记录在“翻倍骰子”上——骰子的侧面有数字 2、4、8、16、32 和 64。但是，翻倍的规则没有限制，而且可能重复拿掉棋子，重新设定棋子的位置，这意味着原则上游戏有无限的可能状态。（以上对可能位置数量的计算假设只有三种可能的翻倍状态，对应于无人翻倍、白方控制翻倍或黑方控制翻倍。）

与“圈叉游戏”相比，尽管“西洋十五子棋”不是纯粹策略性的，但是它确实可以利用数学概念来增强策略。

继续前进

许多现代棋盘游戏始于受“西洋十五子棋”棋盘启发的结构——尽管通常每个玩家只有一个棋子，而棋子在棋盘上可以循环走动。但是，在大多数这样的游戏中，棋盘上的一些或所有位置具有独特的属性。20 世纪最著名的棋盘游戏“大富翁”就是如此。虽然它首次设计于 1903 年（以显示房产所有权的邪恶），但是该游戏到 1935 年才以人们熟悉的形式商业化推行，当时的版本以新泽西州大西洋城的街道为基础。该游戏的伦敦版于 1936 年问世，随后在世界各地流传。

与“西洋十五子棋”一样，由于使用两个骰子，因此不同组合出现的不同概率成为游戏策略中的一个因素；不过，正如我们将看到的那样，在“大富翁”游戏中，这些概率最好通过从特定方格的位置逆向推算来使用。

“大富翁”玩家可以购买其落子棋盘上的方格，随后向对手收取在这些方格上落子的费用——当玩家拥有一组匹配的方格时，费用可增加，尤其是如果玩家以在这些方格上建造房产的形式进行投资。在选择建造地点时，可取的做法是考虑对手更有可能建造哪些房产。正如我们看到的那样，用两个骰子掷出的最有可能是 7，而从 5 到 9 的任何数字均有相对较高的概率出现。

显示不同抛掷结果概率的上表仍然大致正确，但是“大富翁”的分布是有偏向的，因为当掷出双数时，玩家可以再次抛掷。原则上，这种情况可能连续发生 2 次（如果发生 3 次，那么玩家就会进监狱），所以玩家在下次轮到时可能被迫落子的地方会明显更多。这也改变概率。也就是说，棋子落在向前 8 个位置的方格上的可能性高于落在向前 6 个位置的方格上；而如果一次抛掷两个骰子，那么棋子落在这些方格上的概率相等。这是因为 2 次掷 2 个骰子得到 8 点的方式多于得到 6 点的方式。但是 5 点到 9 点的关键抛掷仍然主导结果。

与“西洋十五子棋”不同，在“大富翁”游戏中，除了使用骰子，还有其他方式可以让棋子在棋盘上移动。一种方式是“机会和公益金”卡（Chance and Community Chest）。其中每一个均有一系列结果——可能涉及赢钱或赔钱。但就策略而言，重要的因素是有可能将玩家移动到特定方格。因此，像火车站、特拉法尔加广场（Trafalgar Square）/伊利诺伊大道（Illinois Avenue）和梅菲尔（Mayfair）/木栈道（Boardwalk）这样的方格是更值得拥有的。

大多数玩家会在某个时候出现在监狱方格上（要么是参观，要么是真的在监狱里）。这是因为有一系列入狱途径，无论是落在“进监狱”方格、获得相关“机会或公益金”卡，还是连续掷出三个双数——所有这些均附加于以通常的方式落在监狱方格上，因此只是参观。这将提高玩家在离开后落在监狱前面 5 个和 9 个位置之间方格上的概率——所以这些方格是值得拥有和建造的绝佳房产。因此，监狱后的车站加上橙色方格比许多其他地点更有吸引力，而洋红色方格（除了第一个）和红色方格的吸引力也得到提升。

还有策略上的其他微妙之处可以通过测算建造房屋的投资回报概率来评估（一次性建造三座房屋是最高效的方法）。可以肯定的是，博弈论在“大富翁”游戏中的好处远多于初步设想。

→ 围棋 ←

在策略复杂的一些游戏中，人们试图将这种策略编码成计算机程序；最早的此类棋盘游戏是国际象棋，但实践证明更难攻克的是围棋。在看似简单的围棋游戏中，棋手轮流将白色或黑色的棋子放在矩形格子的交叉点上，迫使这些棋子完全包围的对手棋子——概率组合性爆炸。

例如，在国际象棋中，白方棋手有 20 个初始走法可供选择（兵的 16 个棋步，马的 4 个棋步）；每一种“开局走法”均经过详细分析。而标准的围棋棋盘有 361 个交叉点可供棋手开始走棋，另外几步内的走法数量螺旋式攀升。据估计，围棋大约有 10^{170} 种可能的走法，而国际象棋大约

有 10^{50} 种可能的走法。[1]

有一些已知的游戏策略可以立即规划出击败随机放置棋子的新手的路线。这些策略通常涉及保持棋手自己的棋子连接，同时试图切断对手的棋子——因此，角成为特别有吸引力的起点。然而，基于游戏理论开发能下围棋的计算机程序的早期尝试却以失败告终。围棋形式简单，但组合极其复杂，因此，需要另辟蹊径。当最终开发出经证明能够击败冠军的 AlphaGo 软件程序时，采用的是摒弃传统策略开发的方法论。

AlphaGo 利用神经网络——在一定程度上模拟大脑部分结构的计算机结构，机制是 AlphaGo 可以在不知道它在做什么的情况下做出决定，更不用说知道可用的策略了。事实上，打败世界冠军的第一个 AlphaGo 版本结合了人类专家的训练和自我学习——因此涉及了策略。不过，2017 年，该团队开发了新版本，并在《自然》(*Nature*) 期刊上

---

[1] 10^n 是 1 后面跟着 n 个零。所以，10^6 是 100 万。10^{170} 是 1 后面跟着 170 个零，远远多于估计的宇宙中原子数量。

发表：

> 在本文中，我们介绍完全基于强化学习而不需要人类数据、指导或者游戏规则领域知识的一种算法。AlphaGo 成为自己的老师：将神经网络训练得可以预测 AlphaGo 自己的棋步选择……从一张白纸开始，我们的新程序 AlphaGo Zero 实现了超人的表现，以 100 ∶ 0 击败了之前发布的、击败冠军的 AlphaGo。

确实，这个版本需要遵循的只是游戏规则，没有策略概念。在与自己对弈近 500 万次（初期随机走棋）之后，AlphaGo Zero 超越了以往可能的表现。在强化学习中，不是告诉软件要做什么——在根据从当前位置获胜的估计概率判断进展顺利时，它就会获得奖励。这导致 AlphaGo Zero 的棋步选择往往是围棋专家认为毫无意义的决定——事实上，它的部分优势就在于它的棋法会出人意料。

从某种意义上说，AlphaGo 确实运用策略——但它没有运用任何理论来制订这些策略，也没有关于为什么运用特定策略的任何理解。这一切都归结于试错学习——AlphaGo 对博弈论一无所知。

这种方法的成功指出博弈论的一个局限。围棋根本不是可以用理论来合理解释的游戏，因为它有太多可能的走法和对应走法，这导致用博弈论来下围棋的行为类似于测算一盒气体中分子的物理行为。虽然原则上我们可以算出每个气体分子的牛顿行为（暂时抛开量子物理学的古怪之处），但是，任何合理大小的盒子中的万亿个分子的牛顿行为实际上无法计算出来，而是需要使用统计方法进行统计。

一种不同的游戏

有人推测，AlphaGo 程序的成功意味着人工智能现在能够扩展到掌握几乎任何可能的领域。事实上，虽然围棋是一种非常难掌握的游戏，但是它的规则非常简单。当数学家从棋盘游戏探究现实问题时，需要采用另一种方法——将现实世界中更复杂的规则考虑在内，并提出将情况充分简化以便处理的建模方法，即便人类互动的规则比任何棋盘游戏都复杂得多。

这个关注点意味着成为博弈论核心的游戏与棋盘游戏或赌博游戏没有多少相似之处，更像是人类每天面临的决策挑战。从这个意义上说，是被描述为博弈论背后灵感的扑克将传统游戏和博弈论联系起来的，因为虚张声势是玩家的主要技巧的游戏只有少数几款，而扑克就是其中之一。

正如约翰·冯·诺伊曼（John von Neumann）在《博弈论与经济行为》（*Theory of Games and Economic Behavior*）一书中指出的那样，虚张声势有两个目的：在实际上拿着一手好牌时暗示您拿着一手烂牌，这样别人就会轻视您，然后让您输掉；或者在拿着一手烂牌时暗示您拿着一手好牌，这样别人就会弃牌，让您赢。运用博弈论表明，最好的方法是将经常为好牌下注与偶尔为烂牌下注结合起来。

在许多纸牌游戏中，只需掌握概率就能最大限度地提高胜算。例如，众所周知，“黑杰克”（black jack）（也称为“21 点”）是一种十分需要概率预测的游戏。在这种游戏中，玩家和庄家从洗过的一副牌中抽牌，目标是尽可能接近 21 点而不超过 21 点（A 算作 1 点或 11 点，而所有人头牌均算作 10 点）。这个游戏的基本策略的要素是可以包括设定要坚持的最低分数，而不是拿另一张牌。但是，核心策略是可以通过获取额外的信息来指导这个决策。

牌打出后被丢弃，而不是放回牌盒。这意味着随着游戏的进行，善于观察的玩家将会越来越多地了解接下来要出的牌是什么。例如，如果只玩一副牌（通常在赌场中使用多副牌），一旦四张 A 出来，那就没有 A 了。意识到哪些牌退出游戏后，玩家就有可能计算出各种手中牌的变化概率，从而指导何时不出手中的牌。

这种技巧称为“算牌”。奇怪的是，虽然这种方法依赖于纯粹的技巧，没有误导或欺骗的企图，但是赌场可将其视为违反规则。尽管如此，拥有良好记忆力和数学能力的玩家的确可以根据概率来决定做什么以尽量提高胜算。不过，在扑克游戏中，如果玩家仅仅依靠概率来设计策略，那么其赌注将很快帮助其他玩家了解其手中的牌是好是烂。所以这时候玩家还需要虚张声势的能力——当您没有一手好牌时假装您有一手好牌（反之亦然）。博弈论之所以变得新颖有趣，正是因为它能从纯粹的游戏概率理论升华为包含行为策略的理论。

人们普遍认为：对这一发展做出主要贡献的人是 20 世纪最多才多艺的一位应用数学家。他的姓名在上文已经提到——约翰 · 冯 · 诺伊曼。

第 3 章

冯 · 诺伊曼的游戏

CHAPTER 3

冯·诺伊曼可能不如英国数学家、密码分析学家艾伦·图灵（Alan Turing）那样为人所熟知，但是，就对计算机发展的贡献而言，这两个人同样重要。不仅如此，冯·诺伊曼还是将博弈论设为一门学科的核心人物。人们研究博弈论似乎是出于对玩扑克的兴趣（如果说没有高超技巧的话），但是正如我们已经看到的那样，博弈论的发展远远超出传统的游戏概念。

到目前为止，我们理所当然地认为游戏可以跟生活中的决策相类比。第二次世界大战期间与冯·诺伊曼一起工作的波兰裔英国数学家、人类智慧评论家雅各布·布罗诺夫斯基（Jacob Bronowski）在他的名著《人之上升》（*The Ascent of Man*）中评论道："您必须看到，在某种意义上，任何科学、任何人类思想均为游戏形式。抽象思维是智慧的幼态延续[1]。人类可以用它继续开展没有直接目标的活动（其他动物只在年幼时这样做），以便为长期策略和计划做准备。”

冯·诺伊曼于1903年出生在匈牙利的布达佩斯，在很小的时候就对数学产生了兴趣。这一点的确定性高于人们经常声称的冯·诺伊曼小时候能够模仿他祖父在聚会上玩的“绝活儿”——毫不费力地心算惊人的大数字：尽管在晚些时候，他确实取得了令人赞叹的算术成就，但这成就似乎是凭借强度极大的脑力劳动取得的。不过，他确实有非凡的记忆力——快速阅读书籍，还能消化书籍内容。

1921年，17岁的冯·诺伊曼开始在苏黎世攻读化学工程学位，还在布达佩斯大学攻读数学博士学位。他选择的博士课题很有挑战性——理清集合论公理体系的头绪。学

---

[1] 幼态延续是指在成年后保持幼年特征或行为的倾向。学界认为，人类身体具有幼态延续性，因为人类具有其他猿在成年后失去的许多身体特征（如大脑袋和扁平无毛的脸）。在这方面，布罗诺夫斯基认为抽象思维是年幼动物嬉戏的延续。

界认为，由德国数学家格奥尔格 · 康托尔（Georg Cantor）发展的集合论是算术的基础。但是，其中一条公理——构建任何数学证明均需要的假设存在问题。

“选择公理”是集合论公理之一，是指“对于每一个集合，我们都可以提供一种机制来选择集合中任何非空子集的一个元素。”这看起来很简单，但是没有指出如何做出这个选择。建立公理的方式导致了潜在的混乱，但冯 · 诺伊曼设法增加了“良基公理”（又称“正则公理”）——它排除了会导致集合论难以管理的集合。虽然“良基公理”没有解决“选择公理”仍然独立于其他公理这一问题，但集合确实由于“良基公理”而如康托尔希望的那样严密可用。

20 世纪 20 年代末，冯 · 诺伊曼在德国哥廷根大学和柏林大学期间从数学角度对新发展的量子力学做出贡献；他于 1929 年迁往美国普林斯顿大学，不久后与匈牙利家乡的儿时的朋友玛丽埃塔 · 柯维斯（Marietta Kovesi）结婚（这段婚姻持续了不到十年）。冯 · 诺伊曼于 1933 年加入位于新泽西州的普林斯顿高等研究院（Institute of Advanced Study，爱因斯坦的美国学术大本营），并于 1937 年成为美国公民，在美国度过了后半生。

冯·诺伊曼于1928年撰写出其第一篇影响深远的博弈论论文，当时他还在欧洲。该论文名为《棋盘游戏理论》（又名《策略博弈论》）（德语：*Zur Theorie der Gesellschaftsspiele*，英语：*On the Theory of Games of Strategy*），建立了冯·诺伊曼的最小最大定理——这是博弈论的关键基础之一。

他在这个课题上的工作在他与经济学家奥斯卡·摩根斯特恩（Oskar Morgenstern）合撰、令人膜拜的1944年巨著《博弈论与经济行为》中达到顶峰。正如我们所见，从卡尔达诺开始，就有关于概率博弈数学理论的大量研究；从18世纪的英国外交官詹姆斯·沃尔德格雷夫（James Waldegrave）开始，许多数学家那些年来都曾提到过博弈策略等概念；到了20世纪20年代，法国数学家埃米尔·博雷尔（Emil Borel）率先向将虚张声势纳入的博弈论版本发展——这种博弈论在政治和军事决策中有应用。

尽管有不少学者为博弈论做过贡献，但是，是冯·诺伊曼把公认的现代理论锻造成了一门数学学科。冯·诺伊曼似乎事业心超强，他的工作挤占了他的家庭生活。据称，在撰写《博弈论与经济行为》一书时（这本书占用了他大量时间），他的第二任妻子克拉拉（Klara）——也是生于匈牙利，后来成为第一批计算机程序员之一——有点隐晦地表示，她不想再与博弈论有任何关系（因为博弈论导致她丈夫太忙了），除非博弈论包含大象。

以现代标准来看，冯 · 诺伊曼的幽默通常粗鲁，但他文雅地回应了妻子的质疑。在《博弈论与经济行为》关于集合和分区的一节中，冯 · 诺伊曼用点图来演示集合，这片点由曲线分成集合和子集。这些图中的一个——仅以文字描述来指导如何使用线条来识别分区（从集合中分离出来、未必相邻的部分）的元素——包含了大象头部的清晰形状（见图 3–1）。

布罗诺夫斯基用跟冯 · 诺伊曼在伦敦乘坐出租车时的一段对话深刻体现了冯 · 诺伊曼对博弈的态度。热爱国际象棋的布罗诺夫斯基在听到博弈论这个名称时，以为冯 · 诺伊曼正在研究国际象棋一类的博弈。布罗诺夫斯基告诉我们，冯 · 诺伊曼曾说过，“不，不，国际象棋不是博弈。国际象棋是一种明确规定的计算形式。虽然您可能无法找到答案，但是，在理论上，在任何情况下都肯定有解决方案、正确的程序。现在真正的游戏不是那样的。真实的生活不是那样的。真实的生活包括虚张声势、欺骗的小伎俩、问您自己别人会认为我想做什么。在我的理论中，博弈是这么回事儿。”

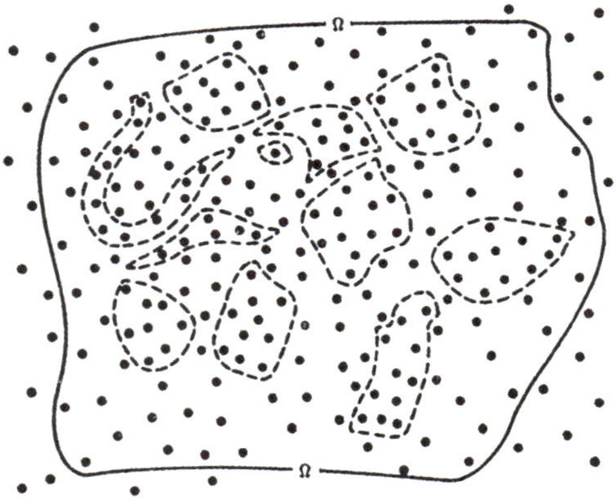

图 3-1　图来自《博弈论与经济行为》

注：由普林斯顿大学出版社重新制图。

根据布罗诺夫斯基的说法，冯·诺伊曼的方法可以归结为明确区分战术和策略。战术是短期的，通常比策略更依赖于细节。策略涵盖更长的时间段，很少能够精确计算；但是通过运用博弈论，冯·诺伊曼意识到应该有可能确定更好的策略，并且在特定信息水平下有可能选择最佳策略。

博弈论只是冯·诺伊曼遗产的一小部分。他不仅是计算机发展历程中两个最重要的人物之一，而且在第二次世界大战期间参与了研制原子弹的“曼哈顿计划”（Manhattan Project）——他尤其关注氢弹。他涉及博弈论的另一项作用是制定冷战时期“相互保证毁灭”（或称“同归于尽”）政策。

冯·诺伊曼还研究信息在生物复制中的重要性以及天气预报的早期计算科学。他于 1957 年死于癌症，年仅 53 岁。这位杰出的数学家可以说是诺贝尔奖最有价值的竞争者之一；但是，他从未获得过诺贝尔奖，部分原因可能是他的研究领域非常广泛，主要因素则是他将数学的严谨性——理性——引入一系列领域，包括经济学和决策等领域，而在这些领域，数字精度以前并没有多少分量。

什么是理性？

博弈论采用促成在博弈中制定最佳策略的逻辑和数学

方法，并将这种方法应用于现实世界。原则上，可应用的情况非常多——可以从日常的人类互动到战争中的关键决策。不过，在实践中，虽然许多人类活动可以被视为博弈，但是博弈论的适用性也存在一些显著局限性。

广义地说，博弈论适用范围的这些局限性源于两点要求：理性和复杂性。只有玩家理性行事，博弈论才能提供可实施的策略。然而，在现实世界中，理性要远远复杂于将一个变量最大化——将一个变量最大化是许多简单游戏的构建方式。这方面的一个重要教训是 2016 年英国脱欧公投。在允许公投时，执政的保守党的策略师们认为，理性的决定应该是对经济产生最大直接影响的决定。毫无疑问，英国脱欧将对英国经济造成金融冲击，因此那些策略师认为选民会“理性”投票——选择留在欧盟。

但是，与经济学家和从政者所持观点不同的是，公众投票选择英国脱欧有各种各样的原因：从越来越官僚的欧盟手中夺回国家的控制权、担心不受控制的移民对社区的负面影响、惩罚大都市精英的欲望——公众觉得大都市精英蔑视都市以外的人。

就在撰写本书的 2021 年，我们仍然几乎每天看到：坚定的“留欧”派忽略了“脱欧”派的立场，并指出（几乎是庆祝）在脱欧完成后不可避免地感受到的贸易冲击。这样的人认为跟自己意见相左的人不理智、愚蠢。但是，他们也忽略了一点——理性是一个多维度的概念，因此，希望用博弈论来研究政治的那些人需要更好地理解其他人在优先考虑什么。

→ 复杂性和混沌 ←

做出英国脱欧决定的原因的复杂性远高于许多人的描述。这为我们引出博弈论的第二个局限性。处于博弈论核心的游戏通常涉及两个玩家，每个玩家都有两个选择。没有中间地带，没有商量的余地，规则清晰而精确。这是数学家的完美模型世界，但不是现实世界：游戏通常有严格规定的规则，但是在现实世界中，通常有许多选择却缺乏明确规则，而且从数学角度看决策环境通常也比较混乱。

混沌系统可能看起来是随机的，尽管它们完全基于决定论、有清晰的因果链。遗憾的是，对于希望预测混沌系统行为的那些人而言，起始位置的细微差异就能导致结果的巨大变化。这就是天气预报如此困难的原因，天气系统是混沌的——混沌数学就是首先发现于天气系统。但是这种混沌性质也适用于人类互动的大多数系统。

当然，一些高度正式化互动的规则确实足以提高博弈论的准确性，但是许多规则却极难确定。不过，这种内在的复杂性并不会导致博弈论无用。我们有必要更好地理解决策过程中的动态，看看如果参与者基于一个或多个因素理性行事，那么这些因素会如何影响决策结果。这样做极有价值，为此，我们需要把博弈论看作是更复杂系统的“模型”——它指导深刻分析，而不是获得明确正确答案的手段，即该模型有助于我们探究影响，即使它并不总是带来最佳策略。

我们为什么需要数学？

对于像冯·诺伊曼这样的数学家来说，数学显然是探讨决策选项和策略的工具。但是我们中的许多人初期并不完全明白为什么为了更好地理解游戏而有必要使用数学。人们可能会怀疑这是数学家在试图通过加入数字元素来破坏完美的消遣活动，因为许多人觉得数学是一门让人不舒服（或者，我敢说，很无聊）的学科，并且看不出常识和游戏规则为什么不足以提供制胜策略。毕竟，我们肯定会努力成为理性的人。

反驳这种观点的一个有用例子是公众对通常称为“蒙提·霍尔问题”（Monty Hall problem，亦称三门问题）的游戏的反应。该质疑基于20世纪60年代的美国游戏节目《让我们做笔交易》（*Let's Make a Deal*）。游戏的最后那部分称为“大交易”（*Big Deal*）：玩家用他们已经获得的所有奖励换取三扇门中一扇门后面的未知奖品。通常情况下，在这些奖品中，一个奖品的价值少于、一个略多于、一个远多于玩家累积的奖励。

这个问题以“让我们做笔交易”节目的主持人蒙提·霍尔命名；但在这个修改版本中只有一扇好门，另外两扇都是坏门。这款游戏的奖品经常是一扇门后面有一辆跑车，而另外两扇门后面都藏着一只山羊。玩家可以自由选择三扇门中的一扇（也许受观众的喊叫声引导），但是在授予奖品之前，主持人打开另外两扇门中的一扇背后是山羊的门。玩家现在可以选择坚持原来的选择，或者转而选择未打开的另一扇门。

我们在这里探究的策略是决定玩家是坚持最初的选择好一些，还是转而选择未打开的另一扇门好一些，或者两种选择没有优劣之分。这个谜题在 1990 年 9 月 9 日出版的《大观》（*Parade*）杂志上向公众呈现。需要向美国以外的读者指出:《大观》是一款周日报纸增刊，随美国的 700 多种出版物发行，是美国读者最多的杂志——读者数量估计超过 5000 万。这个问题出现在名为《玛丽莲答问》（*Ask Marilyn*）的专栏中——该专栏作家是玛丽莲·沃斯·莎凡特（Marilyn vos Savant），她以智商 228 列入“吉尼斯世界纪录”［她实际上本名为玛丽莲·马赫（Marilyn Mach）；

在职业中，她采用的姓是她母亲婚前的姓]。

马里兰州哥伦比亚的克雷格 · F. 惠特克（Craig F Whitaker）把“蒙提 · 霍尔问题”提交给沃斯 · 莎凡特。对大多数人来说，根据常识做出的回答是：选择哪扇门并不重要。主持人给我们看了一只山羊后，还有两扇门可以打开：一扇门后面有一只山羊，另一扇门后面有一辆汽车。这意味着玩家有 50% 的机会获胜，无论选择哪扇门。然而，沃斯 · 莎凡特回答说：选择第一扇门有 $\frac{1}{3}$ 的胜算，选择第二扇门有 $\frac{2}{3}$ 的胜算。玩家应该转而选择第二扇门。

12 月 2 日，沃斯 · 莎凡特又回到了这个问题上，因为她的回答收到了大量负面回应。正如她所说，“天哪！有这么多有学问的反对意见，我敢打赌：周一全国的数学课上，师生们会热烈讨论这个问题。”评论如“我来解释一下：如果打开一扇门后发现这个选择比较吃亏，那么这条信息将概率改变为 $\frac{1}{2}$。作为一名职业数学家，我非常关心普通大众‘缺乏技巧’这个问题。”另一位通信者（跟前一位一样，是博士）认为：“你错了，你严重错误！……美国有足够多的数盲，我们不需要世界上智商最高的人增加数盲。

可耻！”

沃斯·莎凡特提出进一步的论据来证明她为什么是正确的。那是性别歧视程度高于现在的时代。如果专栏作家是男性，他是否还会收到如此激烈的回应？探讨这一点会很有趣，因为沃斯·莎凡特的确收到了贬损程度更强的邮件。学术界的评论包括：“我是否可以建议你在试图再次回答这类问题之前，先去找一本关于概率的标准教科书参考一下？”；“需要多少愤怒的数学家才能让你改变主意？”；“可能女人看数学题的方式跟男人不一样吧！”；“你就是那只山羊！”；和令人愉快的“你错了，但往好的方面想。如果所有这些博士都错了，那么这个国家将会陷入非常严重的麻烦。”最后一条来自美国陆军研究所（US Army Research Institute）的埃弗雷特·哈曼（Everett Harman）博士。

沃斯·莎凡特在1991年2月17日的最后回应中指出：“停一停！如果这个争议持续下去，那连邮递员都将无法进入收发室。我收到成千上万封信，几乎都坚称我错了，其中一封来自美国国防信息中心（Center for Defense Information）的副主任，另一封来自美国国立卫生研究院（National

Institutes of Health）的数学统计学家！公众来信中，92% 反对我的回答；大学来信中，65% 反对我的回答。”

但是，正如沃斯 · 莎凡特继续指出的那样，数学结果不是由投票决定的。她重申了自己最初的论据，又补充了几条。第一条论据是假设有 100 万扇门，而不仅仅是 3 扇门。如果您选择了 1 号门。主持人每隔一扇门打开一扇，除了一扇——结果都是山羊。您不会转而选择剩下的那扇门吗？从另一个角度来看，汽车有 $\frac{2}{3}$ 的机会出现在玩家没有选择的两扇门中的一扇门后。主持人在无形中已经指出了这两扇门中的哪一扇门不打开——他不是随意挑选的。

当我第一次听说这个问题时，我正在跟一屋子的应用数学家工作；他们立即放下了应该做的工作，开始编写计算机程序来模拟重复该游戏。他们证明：如果选择另外一扇门，那么获胜的可能性会增加一倍。只不过，很多人没弄明白该游戏的描述。因为这个问题违背了常识，所以只有数学描述才能解释清楚——博弈论数学是必要的。

当然，读者需要付出努力。沃斯 · 莎凡特在她的第二篇专栏文章中确实列出了我们在探究博弈论时会反复提到的表格，但大多数读者并不理解这个表格。仅凭其中一张表格就计算出发生的事情可能有点不太现实，但这种努力是值得的，因为如果不遵循这种列示，博弈论将永远没有意义。

下面的表格体现了博弈论如何看蒙提·霍尔问题（我的版本比沃斯·莎凡特的版本略微凝练，假设玩家最初选择1号门——问题最初就是这么来的）。如果玩家转换选择，那么他将总是转而选择主持人“没有打开的”门，要不然，他们肯定会转而选择山羊（见表3–1）。

转换选择后，玩家的胜算为$\frac{2}{3}$。

表3–1　蒙提·霍尔问题中玩家转换和坚持的结果

安排↓|选择→	转换	坚持
1: 汽车；2: 山羊；3: 山羊——主持人打开2号门或3号门	失败	获胜
1: 山羊；2: 汽车；3: 山羊——主持人打开3号门	获胜	失败
1: 山羊；2: 山羊；3: 汽车——主持人打开2号门	获胜	失败

零和与双赢

有两大类游戏：零和游戏——这个来自博弈论的术语已经被广泛应用，一个玩家赢，另一个玩家就必须输。像“圈叉游戏”这样的游戏就是零和游戏——如果我赢了，那么我的对手就输了。相较于零和游戏，另一些游戏有双赢的机会，原则上每个人都可能赢（还有第三类：双输游戏。很难理解为什么会有人故意玩这类游戏——虽然在现实生活中，由于信息不充分或由于非理性，这样的情况也经常发生）。每次开车上路时，我们都会玩一个简单的双赢游戏——“我应该开在路的哪一边？”游戏。开在左边或右边都是完全可以接受的策略——每个人都赢，只要每名司机选择相同的选项。

更复杂的例子是可被视为既零和又双赢的游戏。以购买一个面包为例：从纯粹的财务角度来看，一个人（顾客）失去钱，一个人（面包师）获得钱。然而，从参与游戏的个人如何受益（使用我们前面提到过的效用概念）的角度来看，双方均可能有收获——一方得到美味的面包，另一方得到一些钱。

大多数商业交易均具有这种混合性质。这个例子表明现实的复杂性如何迅速高于简单游戏提供的模型，因为购物只是“有可能”超越零和的游戏，即只有面包的价格对双方均合适，才能双赢。就上面的例子而言，双赢的前提是：面包是可食用的，钱不是伪造的。

小中取大

冯·诺伊曼对博弈论的最著名贡献（除首先把博弈论作为严肃的数学领域之外）是最小最大定理。最小最大定理只适用于零和的双人博弈——两个玩家对博弈结果的期望是相反的。冯·诺伊曼从数学角度证明了在这样的博弈中（不像我们将要探讨的其他博弈），总是有经济上合理的最佳博弈策略。

最小最大定理涉及最坏的可能情况——回报的机会最小，因此您需要将潜在的回报最大化，进而产生了最小最大这个术语。通常情况下，最糟糕的情况是您的对手猜到您的策略，因此对手利用在每种可能的结果中让您遭受最大痛苦的策略。既然如此，您就可以选择将您的结果最大化（或者至少将痛苦最小化）的实际策略。

一个基本但文雅的“小中取大”例子出现在蛋糕分割问题中。在两个人之间关于如何分蛋糕的争议中，如果解决办法是要求一个玩家切蛋糕、另一个玩家选择如何分配切好的蛋糕，那么这种解决办法就是“小中取大”。假设玩家是理性的，切蛋糕的玩家会预料到最坏的情况是另一个玩家会拿走较大的那块。因此，为了自己获得最大的回报，切蛋糕的人必须把蛋糕切成大小相等的两份。

有两种可能策略的这种双人游戏有时称为“玩具”游戏，因为现实世界中的问题很少有这么简单的。但是这个术语有误导性，因为一些玩具游戏能很好地反映现实——切蛋糕就是一个很好的例子。其他研究者提供真实决策的有用模型——这并没有证明该方法错误。

我们现在可以把切蛋糕中的各种选择和做出这些选择的结果放在一个表格中，就像我们在上面就“蒙提 · 霍尔问题”所做的那样。在下表中，玩家 1 是拿刀的人，玩家 2

是做出选择的人。为了涵盖所有可能的游戏类型，我们需要在每个方格中显示玩家 1 和玩家 2 的结果，但由于这是零和游戏（蛋糕的大小是固定的），我们可以只显示玩家 1 的结果，玩家 2 的结果是剩下的部分。

我在给结果命名时所做的假设是：均匀切割的结果是两块，其中标记为“一半 +”的那块略大于标记为“一半 –”的那块，因为切蛋糕的人无法切成绝对相等的两半。为了探索“小中取大”的解，我们另加一列，显示每一行的极小结果；另加一行，显示每一列的极大结果。这看起来有点让人晕头转向，但是一旦我们熟悉了这种方法，它就变得简单明了：

现在是最小最大位，或者更严格地说是极大化极小（“小中取大”）/ 极小化极大（“大中取小”）位。玩家 1 应该选择行极小值中的最大值（“小中取大”）——在这个例子中是“一半 –”。玩家 2 应该选择列极大值中的最小值（“大中取小”）——在这个例子中也是“一半 –”。这些选择在表 3–2 中以粗体突出显示。

表 3-2　玩家 1 在切蛋糕游戏中的结果

玩家 1 ↓ | 玩家 2 →	选择大块	选择小块	行极小值
均匀切割	一半-	一半+	**一半-**
把一块切得大一些	小块	大块	小块
列极大值	**一半-**	大块	

只要您记得把极小值放在每一行的末尾、把极大值放在每一列的下面，您就不会出错。顺便说一下，极小值和极大值之所以这样列示是因为表中的结果是玩家 1 的结果——如果我们给出玩家 2 的结果，那么位置就会调换。

如果“小中取大”和“大中取小”是相同的，就像这里的情况一样，那么这就是所谓的“鞍点”，选择的行和选择的列的交点代表对两个玩家的最佳的理性策略。在这种特殊情况下，唯一明智的选择是：玩家 1 应该尽可能均匀地切蛋糕，玩家 2 应该选择两块中较大的一块（如果两块是可区分的）。

混合起来

为了了解最小最大定理在更典型、有数字结果的游戏中如何发挥作用，让我们来看一个简单的匹配问题。在这种游戏中有一个红球和一个蓝球。两个玩家每人选择一个球。如果他们选择相同的颜色，那么玩家 1 获胜；如果他们选择不同的颜色，那么玩家 2 获胜。输的玩家给赢的玩家 1 英镑。与切蛋糕游戏不同，在红篮球游戏中，两个玩家可采取相同的策略（这在简单的双人游戏中更常见）。最终的可能结果如表 3–3 所示：

表 3–3　玩家 1 在颜色匹配游戏中的结果

单位：英镑

玩家 1 ↓ | 玩家 2 →	蓝球	红球	行极小值
蓝球	1	– 1	– 1
红球	– 1	1	– 1
列极大值	1	1	

我们似乎有一个问题。无法选择产生行极小值中的最大值或列极大值中的最小值。那么，怎么可能产生一个最

大最小策略——冯·诺伊曼从数学角度证明在所有双人零和游戏中都存在的策略呢？在此，我们需要考虑混合策略的“大中取小”策略，发现玩多种游戏的结果会是什么。仅仅考虑一种游戏，玩家不能设计“大中取小”策略，但是如果玩家再次玩这种游戏，那么合适的策略就会出现。请注意：混合策略并不是实际上玩多种游戏——这种情况的详细阐释见第 5 章，而是利用我们从假设的多种游戏中学到的东西来考虑在一种游戏中怎么做。

在最坏的情况下，如果玩家 1 更喜欢蓝色，所以更经常地选择蓝色，而玩家 2 知道这一点，玩家 2 可以通过总是选择红色来获胜。同样，如果玩家 1 偏向红色，那么玩家 2 可以通过总是选择蓝色来获得总体的胜利。因此，玩家 1 的最小最大策略是同样频繁地选择红色和蓝色，此时他的净收益为 0——无损失，无收益。这是最大最小值，因为选择一种颜色的最小值是 –1。因为这种游戏是对称的，所以假设玩家 1 采用最小最大策略，那么玩家 2 也应该同样经常选择红色和蓝色。

但是要记住，游戏只玩一次，这意味着混合策略必须从概率角度来运用。在一种游戏中，玩家不能选择蓝色和红色的混合。然而，他们可以说他们应该以 50% 的概率选择蓝色和红色——因此，最佳方法是抛硬币来选择颜色。在其他博弈中，混合策略可能会建议一个选择应该比另一个多出现——在这种情况下，概率也会相应调整，即使只做一个选择。

对一些观察者来说，这是最小最大定理令人不舒服的地方——随意选择（比如说根据抛硬币的结果选择）看起来很不科学。但是使用另一种策略可能更糟，因为对手可能已经发现了这种策略，所以只有随机选择才能确保博弈有合理的最小最大结果。

需要注意的是，最小最大策略并不是在所有情况下都是最好的策略——只有当您的对手完全是为了其自己，因此以对您最不利的方式行动时，最小最大策略才是最好的选择。在上面的例子中，如果玩家 2 总是选择蓝色，那么玩家 1 的最佳策略就不是混合策略，而是也总是选择蓝色，才能保证总是获胜。所以，策略应该取决于每个玩家对对方意图的了解程度。但是，举例来说，如果一个玩家倾向于选择蓝色，因为这是其最喜欢的颜色，那么这个策略会明智地建议该玩家忽略这种倾向，进而随机选择，因为对手总是有可能知道该玩家的颜色偏好。

决策树

为了体现混合策略的结果是什么，我们可以把决策树放在一起并对每一部分运用概率。在上面的匹配游戏中，当双方都采取随机选择蓝色或红色的混合策略时，决策树应该是这样的，如图 3–2 所示：

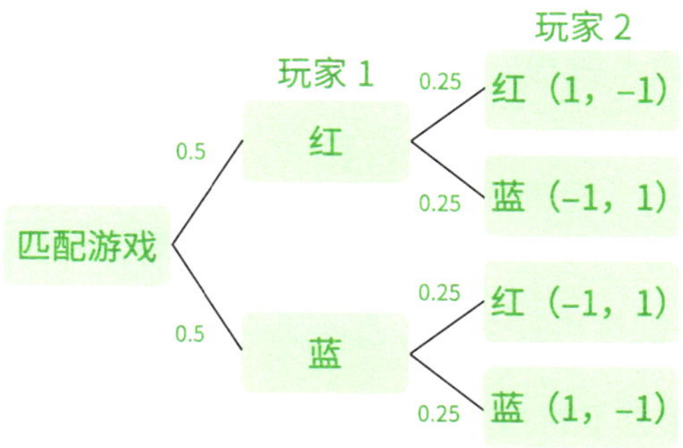

图 3–2　匹配游戏的决策树（括号中是玩家 1 和玩家 2 的结果）

为了找到结果，我们将每个结果的概率（显示在通向右边方框的线上）乘每个玩家做出该选择的结果，然后将它们相加。因此，对于玩家 1——其结果是最右边方框中的第一个［例如，红色（1，-1）中的 1，我们得到 $(0.25\times1)+[0.25\times(-1)]+[0.25\times(-1)]+(0.25\times1)=0$ ］。具有相同结果的同等计算 / 等值演算适用于玩家 2。这种做法在这种游戏中是微不足道的——但是在越复杂的游戏中越有趣。

这种游戏是进球！

尽管分蛋糕是一个非常严肃的概念，但是上面的匹配游戏似乎是人为的，不太可能在现实生活中发生。然而，稍微改变一下匹配游戏的表述，它就变成了许多足球比赛输赢的重要因素——点球大战。如果我们让 1 号球员当守门员、2 号球员当点球手，那么蓝色可能是球去了左边，红色可能是球去了右边。如果球和守门员向同一个方向运动，那么守门员获胜；如果球和守门员向不同的方向运动，那么罚点球者获胜。

当球的行进方向很明显的时候，守门员做出决定已经太晚了，因此点球手和守门员需要同时做出决定。传统上，就像上面的匹配游戏一样，博弈论的解决方案（也是现实比赛中大多数时候采用的解决方案）是随机选择左或右。但在这种情况下，还有第三种选择（这种选择比通常的策略更有可能让点球手受益）——把球直接踢到中路。

这个选择较好的原因是除非守门员根本不扑救，否则踢到中路总是会成功，而不是赢得一半的时间。[1]然而，这是真正的点球手很难做出的一个选择，其原因是心理上的：直接踢到中路显然是一个愚蠢的选择，因为那是守门员最初站的地方。如果出了差错，不管是什么原因，守门员没有扑球，那么罚点球者会看起来很愚蠢，因为他把球直接踢到了对方那里。结果，罚点球的人看起来就没有像其应该的那样充分利用这个选项。让我们来看看三个选项的结果

[1] 请注意：这些模型是现实的简化版本。在真正的点球大战中，点球手可能错过进球，守门员也可能会跟球同一个方向运动，但没接住球，让球通过。所以我们可以提高这个模型的复杂程度以处理这些选项——这留给读者作为练习。

（见表 3–4）：

表 3–4　点球大战中守门员的结果

守门员↓|点球手→	左路	右路	中路	行极小值
左路	1	–1	–1	–1
右路	–1	1	–1	–1
中路	–1	–1	1	–1
列极大值	1	1	1	

还是那句话，单个博弈没有最小最大解。只有两个选项的点球游戏的决策树跟上面的选择游戏是一样的，但是现在变得更有趣了，如图 3–3 所示。

如果点球手和守门员从三个选项中随机选择，那么点球手将获得 9 个进球中的 6 个，因为有两个位置守门员不在。这意味着随机选择会给罚点球的人带来积极的结果（尽管他会有 $\frac{1}{3}$ 的时候会为难）。

当然，如果守门员总是扑球，那么“大中取小”策略对罚点球的人来说并非最佳，事实上，罚点球的人应该总是瞄准中心——假设没有接球失误，他每次都会进球。然而，实践中的最佳策略可能是动态的。罚点球的人一开始

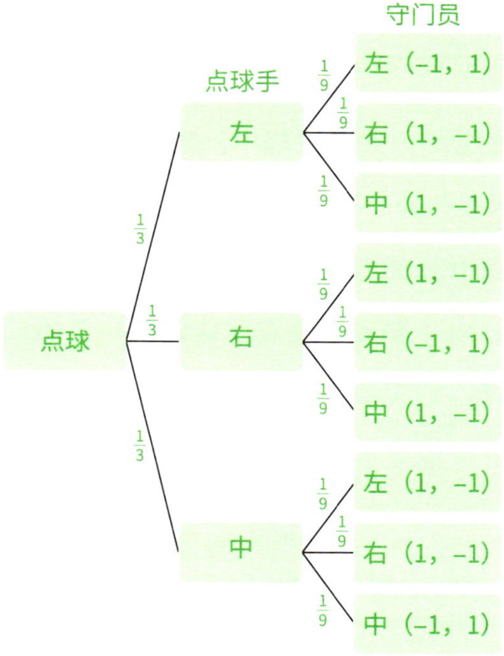

图 3-3 点球树（括号内为点球手和守门员的结果）

可能会一直朝中间踢，之后，守门员将获得关于这一策略的信息，并开始一直停留在中间。经过一番摇摆后，结果最终会落在点球手从三个选项中随机选择的最小最大解上（前提是点球手和守门员都愿意接受原地不动或踢向中路导致的恶果）。

混合大师

在现实世界的点球大战中，逻辑很少发挥主导作用。然而，如果我们处在玩家有时间和脑力来想出策略的环境中，那么就有可能有为混合策略做出正确的选择。需要指出的是，对于鞍点，没有明确的单一策略，就像切蛋糕游戏一样。假设没有，那么我们就有可能计算出每个玩家为了产生混合策略最小最大结果而应该做出的选择占多大比例。

表 3–5 为颜色匹配游戏中玩家不同回报的结果。

表 3–5　玩家 1 在颜色匹配游戏中不同回报的结果

单位：英镑

玩家 1 ↓ | 玩家 2 →	蓝球	红球	行极小值
蓝球	–2	3	–2
红球	1	–2	–2
列极大值	1	3	

首先，像往常一样，我们查看鞍点。对于玩家 1 没有“小中取大”，所以混合策略是必要的。想象一下，首先，

两个玩家都选择了 50 ∶ 50 混合策略——抛硬币，所以玩家 1 的预期结果是 $\frac{-2+3+1-2}{4}=0$。当然，玩家 2 的结果是一样的，因为这是零和游戏。

计算出可用策略最佳组合的机制相对简单，尽管感觉有点奇怪。如果您不想做算术，那么您可以跳到下一节——“防线”（计算的结果是：如果两个玩家都理性参与，那么玩家 1 可获得的最佳结果是输 0.125 英镑）。

让我们先看看这种机制的作用，然后感受一下它的作用原理。对于每个玩家，我们从相关行或列的第一个值中减去第二个值，然后使用结果的绝对值[1]作为另一个策略的比率。这听起来比实际上复杂：为了便于理解，我们来看一个具体的例子。

玩家 1 从蓝色策略行中的第一个值中减去蓝色策略行中的第二个值，即 –2–3=–5。对红色策略行也这样做：$1-(-2)=3$。蓝色策略与红色策略的比率是红色总值与蓝色总值（或者更确切地说是两者的绝对值，所以是 5 而不

[1] 绝对值是没有任何符号的数字，例如，3 和 –3 的绝对值都是 3。

是 –5）的比率。所以，玩家 1 应该每采取蓝色策略三次就采取红色策略五次。

同时，玩家 2 从蓝色策略列中的第一个值中减去蓝色策略列中的第二个值：–2–1=–3，绝对值为 3（取绝对值可以解决我们在两种情况下都使用玩家 1 结果的问题）。红色策略列的结果是 $3-(-2)=5$。所以，玩家 2 应该每采取红色策略三次就采取蓝色策略五次。

最大最小定理指出：如果一个玩家采取其最佳策略，那么他们将至少获得“游戏数值”产生的价值——游戏数值是指在双方都采取其最佳策略的情况下出现的数字，虽然另一个玩家不采取其最佳策略时结果会更好。这种机制起作用的原因是：它计算的是玩家对“二选一”不感兴趣，并乐于根据概率选择这种情况下的值。

在这个游戏中，玩家 1 的游戏数值使用以下公式计算：

$$\left(P_{1B}\times P_{2B}\times O_{BB}\right)+\left(P_{1R}\times P_{2B}\times O_{RB}\right)+\left(P_{1B}\times P_{2R}\times O_{BR}\right)+\left(P_{1R}\times P_{2R}\times O_{RR}\right)$$

其中 P_{XY} 是玩家 X 选择选项 Y 的概率，O_{XY} 是玩家 1 选择 X 和玩家 2 选择 Y（对于玩家 1）的结果。

$$\frac{3}{8}\times\frac{5}{8}\times(-2)+\frac{5}{8}\times\frac{5}{8}\times1+\frac{3}{8}\times\frac{3}{8}\times3+\frac{5}{8}\times\frac{3}{8}\times(-2)=-0.125$$

这意味着这种游戏不利于玩家 1，因为只要玩家 2 采取其最优策略，那么玩家 1 每局都会损失 0.125 英镑，无论其策略是什么。例如，如果玩家 1 使用 50 ： 50 混合策略，但玩家 2 坚持“大中取小”策略，那么玩家 1 的结果将是：

$$\frac{1}{2}\times\frac{5}{8}\times(-2)+\frac{1}{2}\times\frac{5}{8}\times1+\frac{1}{2}\times\frac{3}{8}\times3+\frac{1}{2}\times\frac{3}{8}\times(-2)=-0.125$$

如果玩家 1 采取其最优策略，那么最多会损失 0.125 英镑。不过，请记住：对于玩家 1 来说，这个结果差于两个玩家都随机选择。如果玩家 1 知道玩家 2 会随机选择，那么玩家 1 也会这么做。同样，如果玩家 2 傻到总是选择红色策略，那么玩家 1 需要做的就是坚持蓝色策略。

→ 防线 ←

上面的例子看起来很随意，因为很难想象在真实情况中只有一组结果值。但是如果选项更接近现实，那么博弈论的力量会更加明显。

让我们想象一下，一家咖啡连锁品牌有兴趣进入它以前没有经营过咖啡店的一个城市。在仅有的两个值得经营咖啡店的地方，当地一家咖啡公司已经开了两家门店。现在的店主是否可以继续在这些地方经营，或者是否可以被迫将这些地方卖给连锁品牌？这要由当地议会来决定。

现在的店主可以选择通过向区议员行贿来保护他的任何一家门店，但他们只能选择一家门店来保护。同样的，连锁品牌可以强制购买一家门店，只要该门店没受保护。一家门店大得多，价值是另一家的 3 倍。下面是数字游戏（见表 3-6）。

没有鞍点，所以咖啡店店主需要采取混合策略。通过计算这些数字，我们发现这款游戏的价值是 3.25，当地公司捍卫其大店的概率是 $\frac{3}{4}$，而连锁店攻击小商店的概率应该是 $\frac{3}{4}$。

表 3-6　咖啡店游戏给当地店主带来的相对收入

当地 ↓ | 连锁 →	大店	小店	行极小值
大店	4	3	3
小店	1	4	1
列极大值	4	4	

连锁店最有可能以接管小店为目标，这似乎有悖常理；但是，通过策略思考，当地店主更有可能捍卫其最宝贵的资产，所以为了有所收获，连锁品牌应该主要选择小店。不过，连锁品牌应该以 $\frac{1}{4}$ 的概率尝试接管大店，以避免当地店主预测到连锁品牌的选择。跟往常一样，如果一个玩家总是采用相同的策略，而且这些信息公开，那么阻挠它就很容易了。

汉堡还是冰激凌？

博弈论可以真正应用于商业的另一个例子是条件决定销售的情形。假设移动餐饮公司既卖汉堡又卖冰激凌。天冷时，汉堡比冰激凌更受欢迎；而天热时，冰激凌销量大。遗憾的是，由于冰箱有问题，餐饮公司当天没用的食物都要扔掉，又由于我们的销售人员已经经营了一些年，他对自己的潜在销量有感觉：天热时，他大约卖出 200 个冰激凌和 50 个汉堡；天冷时，他大约卖出 20 个冰激凌和 150 个汉堡。其中汉堡成本 2 英镑，售价 5 英镑；冰激凌成本

50 便士，售价 1.5 英镑。

有了这些信息，他可以根据自己的预期支出和收入形成的利润（或损失）制订策略。从表 3-7 中我们可以看出，当餐饮经营者在热天买进库存但在冷天试图卖出时，问题就来了；反之亦然。

表 3-7 业主的利润 / 损失取决于库存购买和天气

单位：英镑

天气：预期 ↓ | 实际 →	天热	天冷	行极小值
天热	350	–30	–30
天冷	–120	470	–120
列极大值	350	470	

没有鞍点，所以餐饮经营者需要采取混合策略。通过计算数据，他得出的比率是买热食 59 次比买冷食 38 次，大约是 3 ∶ 2。他有两种玩法——要么去碰运气，在冷热之间随机选择，五次中有三次他选择热的；要么去妥协，买入热天销量的 $\frac{3}{5}$ 和冷天销量的 $\frac{2}{5}$，其结果应该是稳定的利润略低于 166 英镑（游戏的价值）。

当然，在现实中，我们的餐饮经营者有机会获得天气预报，所以可以做得更好。在这种情况下，游戏将基于预测正确的频率和错误到足以改变购买习惯的频率。

真是这样吗？

尽管计算混合策略的数值在数学上是可行的，但有人认为这表明了现实和博弈论之间的距离，因为一般做出决策的人不会根据这种复杂的计算做出选择。这似乎意味着博弈论不能与现实有效地匹配。

有两个原因可以解释这个论点为什么是错误的。一个原因是博弈论并未声称模拟人类行为，它只是模拟决策过程，让我们更好地理解决策中可用的选择，以帮助决策者做出明智决策。

第二个原因是，回顾模型的本质，模型一直在科学中被使用，是因为模型能够提供有用的见解，但经常是实际情况的极端简化。一个古老的科学笑话贴切地说明了这一点：一位营养学家、一位遗传学家和一位物理学家探讨如何赢得一场赛马的任务。营养师描述比赛前几周应该给马喂什么特殊食物。遗传学家告诉养马场如何就某些能力选择性繁殖，甚至可能如何使用基因编辑工具“集群定期间隔短回归重复”（CRISPR）来繁殖获胜的赛马。与此同时，物理学家摇头，他说：“我们假设马是一个球体……”

讲这个笑话的目的是说明物理学为了应用它的模型有多么倾向于简化现实情况；实际上，这三种方法都在简化事物，部分原因是它们在利用“工具定律”。“工具定律”是指提出解决方案时过度依赖可用的工具。该定律的名称由美国哲学家亚伯拉罕·卡普兰（Abraham Kaplan）于1962年首次提出，并经常与美国心理学家亚伯拉罕·马斯洛（Abraham Maslow）于1966年写的一句话联系在一起：“我想，如果您唯一的工具是锤子，那么您很容易把每件事情都当成钉子来处理。”当然，这个想法要古老得多——例如，在英国，一个多世纪以来，人们一直开玩笑地把锤子称为“伯明翰螺丝刀”（Birmingham screwdriver）。

当营养学家、遗传学家和物理学家提出培育一匹获胜赛马的策略时，他们每个人都在使用以自己学科开发的简化模型：实际上，赛马的质量取决于所有三种投入以及更多投入。虽然博弈论的解决方案通常像这些科学模型一样有局限性，但这并不意味着它们没有价值。

虽然有例子表明进入游戏表的数值是已知的，但通常它们是不确定的。在上面的餐饮经营者例子中，虽然经营者知道采购成本，但他不知道他的实际销售额将是多少，所以那些数字只是估计。但每当有人做预算或对未来的任何其他预测时，也都只能估算数字。估算出的数字几乎是错误的——但是我们必须做出决定，使用最佳估计比根本不尝试要好。

→ 概率有多大？ ←

我们已经在匹配博弈中看到了混合策略适用的例子，因为单人游戏没有适当的“大中取小”策略。在那种游戏中，每次游戏的结果都是一样的，但是现实生活很少如此一致。这可能会导致像表 3-8 这样明显令人困惑的游戏表：

表 3-8　概率不同的博弈的预期结果

单位：英镑

玩家 1 ↓ | 玩家 2 →	蓝球	红球
蓝球	0	0
红球	0	0

乍一看，这是毫无意义的游戏，因为无论您做什么，都没有人会赢得什么。那还不如去看电视。但是隐藏在这些零后面的是有趣得多的概率结果。

例如，假设在某游戏中，每个玩家轮流抛掷骰子。抛掷骰子的结果如表 3–9 所示：

表 3-9　玩家 1 每次可能掷骰子的结果

单位：英镑

抛掷	结果
1	5
2	–3
3	10
4	–8
5	2
6	–6

在这里，正数是指抛掷者从对手那里赢得的金额，而负数是指抛掷者须向对手支付的金额。每一种可能结果的概率均为 $\frac{1}{6}$，所以重复游戏的预期胜率是所有结果的总和除以 6。在这种情况下，结果的总和等于 0。因此，从长远来看，预期的结果是两个玩家都不会胜出。

在游戏中引入概率之后，游戏比平均的输赢结果更有趣。一个玩家一次抛掷最多可以赢 10 英镑或输 8 英镑（另一个玩家抛掷则相反）。然而，用博弈论的术语来说，这仍然不是一种有趣的游戏，因为只有一种方法可用——掷骰子，然后就产生输赢。没有决定可做，所以就不可能有真正的策略。

不过，我们并不需要很多功夫就可以规定机制，设计有不止一个选项的游戏（这里是“红”和“蓝”），这样我们可以得到结果表 3–10。请注意：这里不需要行极小值和列极大值，因为没有鞍点。

表 3-10　玩家 1 在不同策略下每次掷骰子的结果

单位：英镑

红色策略		蓝色策略	
抛掷	结果	抛掷	结果
1	5	1	–10
2	–3	2	8
3	10	3	–5
4	–8	4	12
5	2	5	–7
6	–6	6	2

无论选择哪种策略，结果表仍然提供相等的结果 0，但是现在效用开始起作用了。对损失不太敏感的玩家可能会选择蓝色策略，而更保守的玩家则更喜欢红色策略。

讨价还价的恐怖

概率游戏通常更接近我们的许多现实生活体验，因为很难提前将确定的数字结果应用到互动中。一个明显的例子是：在购买某样东西时，我们中的许多人会受益于将博弈论应用于决策中。我们倾向于拘泥于标价，但事实上，所有价格都是可以协商的，因为商品和服务只值有人愿意支付的价格。不过，许多西方人已经不再理解讨价还价的重要性。

虽然讨价还价在所有交易中都是可能的，但它在这三种情况：私人出售中、有时限的合同到期时、谈判自由职业合同时最为普遍。当然，有合理的证据表明：即使是超市也会接受讨价还价，但这样做要困难得多，因为通常需要绕过超市员工和管理层，并且正因为需要绕过正常的销售程序，所以超市只可能对高价值销售感兴趣。

对这些交易采取数字博弈论方法的问题是：最初我们不知道对方的策略。所以，如果您在卖东西或者为自由职业合同做宣传，那么您不太可能知道潜在买方会对价格有什么反应。此时，现有的市场价会有参考价值；由于互联网，调查现有价格对于私人出售（例如房屋出售）来说肯定相对容易，因为网站会提供类似房产的销售价格，在线市场也会显示其他人提供的类似产品的价格。自由职业者更多的是在暗处——正是因为这一点，协会可以有所帮助：要么提供联系同行的机制，要么提供指导。例如，作家协会会给出演讲费的最低建议价。

正如我们将看到的，揭示价格信息的受青睐的博弈论工具通常是拍卖。通过像易贝（eBay）这样的网站，卖方可以通过拍卖销售，并查看买方对产品的出价。可以说，如果有多种产品可供选择，那么最佳方法是通过一次或多次拍卖来设定价格区间，再尝试以高出拍卖价格 30% 至 50% 的价格直接销售，然后，随着时间的推移降低价格，并为谈判做准备。同样，像易贝这样的网站现在提供相当复杂的工具来做这件事。

举个例子，我最近售出某部珍本书的两本——这部书在易贝上需求量较高。第一本在拍卖会上售出，筹得 100 英镑。这让我大致感觉到人们的兴趣范围（并根据跟踪拍卖的人数来判断潜在买方群体的规模）。第二本书最初标价 140 英镑，后来降到了 130 英镑。一个买方出价 120 英镑，而我要求 125 英镑，买方接受了。

类似的方法几乎总是可以用于合同续签和大额采购。比如说，购买房子或汽车时，或者续签保险或宽带合同时，尽管买方往往会按照规定的价格购买，但总是有可能协商出更好的价格。这种讨价还价游戏有（复杂的）数学方法；但由于缺乏信息，数学方法并不是实用的工具。

即便如此，博弈论的原则（特别是有意识的策略和尽可能了解对方的策略）仍然有效。举例来说，宽带提供商在合同续签时的策略是在上一个合同期基础上提高应付资费，但他们也会做好在客户威胁转向其他提供商时降低资费的准备，因为赢得新客户的难度大于留住现有客户。知道这一点之后，客户应该总是威胁要离开，而不是直接接受新的合同价格。

→ 抽签 ←

数百万人每周都会做出一个不寻常的单边博弈论决定；这个决定首先涉及数学概率理论的诞生：博彩。彩票就是一个很好的例子，因为彩票玩家远远多于传统的赌博游戏。就像上面的表 3–8 一样，彩票的固定奖金集合似乎意味着无法使用任何策略，玩家也可能就是随机选择数字。但是，在实践中，鉴于一定金额的赌注资金，彩票玩家通常有几个策略选择，这意味着他可以从博弈论的应用中受益。让我们来看两个这样的选择：选择哪些号码和就两个彩票游戏中的哪一个下注。

概率中一个更令人困惑的方面可能会导致我们在挑选数字时应用错误的策略。随着时间的推移，因为每个数字都有相同的机会被选中，所以我们预计每个可能的数字被抽中的次数大致相同。不过，随着抽奖次数的增加，所有数字出现的次数很难完全相同——这反映在统计数据中。

在撰写本书时，英国的国家彩票“乐透”（Lotto）游戏使用 59 个球来生成 6 个主要数字。我们回顾过去一年会发现：最常抽到的球是 52、49 和 28，每一个都抽到 17 次。我们预计：随着时间的推移，其他球会在 1.69% 的抽取中出现，而这些球会在 2.7% 的情况下出现。

在排序的底部，有三个数字（30、43 和 58）只被抽了 6 次，有一个异常值 41——只被抽了 6 次。这两个抽取比例分别为 1% 和 0.6%。有两种方法受这些基于谬误的数字引导，它们分别是：

最极端的误导策略是认为一些球是“幸运的”，因此比其他球更有可能出现。这里的策略是选择最常出现的球——52、49、28，以及接下来最常出现的 1、33 和 50，这种策略最吸引人的就是魔法。而一个明显更符合逻辑的方法是选择不常出现的球，因为随着时间的推移，所有的数字的出现概率会趋于平衡——这似乎是合理的。这种方法会让我们选择数字，比如 41、58、43、30、25 和 40（最后两个选项可能是 25、40、14 和 12 中的任意一对，每个选项都出现过 7 次）。

虽然这第二个策略感觉更合理，但它也是基于一个谬见。为了了解原因，我们把概率暂时简化为抛硬币——正面和反面出现的概率均为 50%。假设我们连续四次抛出正面。您应该选择正面还是反面作为预测第五次抛掷结果的策略？正确答案是抛出正面和反面的可能性相同，因为硬币没有记忆。在此之前已经连续四次抛出正面这一事实对下一次抛掷结果没有影响。除非连续四次抛出正面（平均概率为 $\frac{1}{16}$）是因为硬币有偏差，否则这一事实并不能预测接下来会抛出什么。

尽管我们知道硬币没有记忆，但这感觉是违反直觉的。

我们可能会认为，经过数千次抛掷后，正面和反面的数量应该几乎相同。最初的偏差只能通过以后出现更多的反面来“修正”。但事实并非如此。在数千次抛掷之后，正面和反面的数量完全有可能差异很大。正面和反面的平均比例将趋向于 0.5，但是正面和反面的数量差可能会继续增长——不会有自然的力量试图修复一连串相同的抛掷结果［此外，我们需要指出：连续四次抛掷结果均相同（要么是四个正面，要么是四个反面）的概率为 $\frac{1}{16}$；但如果抛掷硬币数千次，那么就会有很多这样的例子］。

彩票也是一样。彩票抽奖机不会记住已经抽取的球。这意味着每次抽取都是从零开始，不会受之前发生的事情影响，所以这些统计数据对于预测接下来会发生什么毫无意义。

那么，从这些信息中得出的可能有用的策略是什么呢？许多彩票会在中奖彩票之间分配头奖。虽然较低价值的奖金通常是固定的，但是这意味着，如果两个人赢得头奖，那么每个人赢得的奖金只有赢家仅为一人时的一半。由于至少有些玩家确实遵循了选球的频率，所以从这条规则中得出的有用策略是应该避免其他人更有可能选择的数字。

如果在抽奖中选择经常或不经常出现的数字，玩家将选择比他们随机选择更有可能由其他人抽取的球。所以，玩家为了避免与他人选择相同的数字，他的策略应该是避免频繁或不频繁抽取的数字。

不过，在实践中，忽略抽取频率的玩家并不都是随机挑选数字的——这提供了锤炼策略的第二次机会，可提高您赢得头奖时不分享头奖的概率（需要强调的是：中大奖的可能性还是很小的。赢得英国“乐透”头奖的概率约为四千五百万分之一）。也许最常见的数字选择方法是使用门牌号或重要日期。

如果一种途径中的数字比彩票中的球少，那么在选择号码时，就会有一些偏向较低数字的情况。这表明在其他条件均相同的情况下，选择较大的数字没有坏处。

影响更大的是重要日期。许多人愿意使用孩子的生日作为下注号码，此时，选择月份中的某一天将数字限制在 32 以下，而使用月份将数字保持在 13 以下。这表明 32 以上的数字不太可能导致分享头奖。相较之下，年份是个不确定的选择，因为大多数人处于 0~80 岁年龄段。在 2021

年撰写本书时，我看到的大多数人出生年份都在 1941 年至 2021 年，所以相对较少的玩家会根据年份选择 22~40 岁的数字——然而，彩票数字往往不会超过 60，所以年份的使用频率将低于表示日期和月份的数字。

最后要考虑的是序列号。有些人喜欢像 1、2、3、4、5、6 这样有吸引力的选择模式，而且玩家选择这种序列的频率高于您的想象，还有许多人会觉得这种情况发生的频率低于 5、17、23、25、39、52 这样序列。事实上，玩家选择两者的概率完全相同，所以选择至少有一些连续的号码可能也有利于避免分享头奖。

应该强调的是：这种指导在彩票游戏中是没有用的，因为在彩票游戏中，向每个头奖获得者支付的金额是固定的。在这种情况下，所选的一组数字并不重要，但所选的游戏可以让玩家选择策略。例如，目前在英国，有两种赌注相似、头奖固定（除了在不太可能发生的情况下）的游戏是“霹雳球”（Thunderball）和“一生无忧”（Set for Life）。每种游戏的奖金金额是不固定的，因此难以做出明智的选择——但是通过比较不同策略的结果，做出最佳决策是可能的。

下面是两种游戏的奖金金额表——它们体现了“期望值”概念。正如我们所看到的，这是通过将奖金乘获得奖金的概率得到的。期望值告诉我们如何长期比较这些游戏。不过，同样值得记住的是：我们还需要考虑我们能赢和输的金额对我们有多重要——效用。例如，在某游戏中您有 $\frac{1}{10}$ 的机会赢得 100 万英镑，而该游戏的期望值是 100000 英镑——因此如果这对您来说是小数目，那么您应该玩该游戏，即使它花费 99000 英镑。平均来说，您的收益会是 1000 英镑乘玩游戏的次数。但对我们大多数人来说，99000 英镑不是我们可以承受的损失，哪怕是一次。

表 3-11 是奖金金额表格。首先，霹雳球：

表 3-11 “霹雳球”游戏中的奖金金额和赔率

单位：英镑

赔率	奖金	期望值
$\frac{1}{8060598}$	500000.00	0.062030137
$\frac{1}{620046}$	5000.00	0.008063918

续表

赔率	奖金	期望值
$\frac{1}{47416}$	250.00	0.005272482
$\frac{1}{3648}$	100.00	0.027412281
$\frac{1}{1437}$	20.00	0.013917884
$\frac{1}{111}$	10.00	0.09009009
$\frac{1}{135}$	10.00	0.074074074
$\frac{1}{35}$	5.00	0.142857143
$\frac{1}{29}$	3.00	0.103448276
总值		0.527166285

然后是“一生无忧”的表格（见表 3-12）：

表 3-12 “一生无忧”游戏中的奖金金额和赔率

单位：英镑

赔率	奖金	期望值
$\frac{1}{15339390}$	3600000	0.23468991

续表

赔率	奖金	期望值
$\frac{1}{1704377}$	120000	0.07040696
$\frac{1}{73045}$	250	0.00342255
$\frac{1}{8116}$	50	0.00616067
$\frac{1}{1782}$	30	0.01683502
$\frac{1}{198}$	20	0.1010101
$\frac{1}{134}$	10	0.07462687
$\frac{1}{15}$	5	0.33333333
总值		0.84048541

这里的“赔率”是指赢得特定奖金的概率，所以赔率 $\frac{1}{35}$ 意味着您在“霹雳球”中赢得 5 英镑的概率为 $\frac{1}{35}$（相当于 0.029 或 2.9%）。尽管“一生无忧”的总值更高，但参加“霹雳球”的费用是 1.00 英镑，而“一生无忧”的费用是 1.50 英镑，因此经过比较，最佳做法是参加“霹雳球”

三次，而不是参加“一生无忧”两次。

单就平均值而言，我们预计参加“霹雳球”三次的回报约为 1.58 英镑，参加“一生无忧”两次的回报约为 1.68 英镑——结果非常相似，尽管“一生无忧”的优势较小。但是深入分析期望值可提供一些有趣的额外细节，有助于我们选择策略。

如果我们从不太可能（比方说，超过 $\frac{1}{100000}$ ）的结果中排除预期回报，那么我们可以根据我们对风险的态度来判断哪种策略是最好的。在表 3–13 中，我们着眼于 3 美元投资的预期回报，忽略低概率的回报。

表 3–13　两种游戏在一定风险水平下的预期收益

单位：英镑

	“霹雳球”	“一生无忧”
概率超过 1/100000	1.37	1.07
概率超过 1/10000	1.36	1.06
概概率超过 1/1000	1.23	1.01
概率超过 1/100	0.74	0.67
概率超过 1/30	0.31	0.67

我们已经看到，如果您乐于冒大风险、着眼于总期望值，那么玩“一生无忧”是个稍微好一点的策略；但是如果您是一个中度冒险者，将您的风险限制在上表中列出的数值内，那么“霹雳球”则是更好的策略；最后，如果您喜欢将风险最小化，那么“一生无忧”就突然间成为首选策略，因为它的玩家赢得最低金额的机会要大得多；而对于寻求风险结果组合的玩家来说，最好的选择是这两种游戏都玩。

这个例子充分说明：博弈论很少会告诉您到底该做什么，但它有助于您审视不同策略及其影响。

⟶“那种”游戏⟵

可以说，博弈论特有“游戏”的最著名例子是“囚徒困境”，不仅因为它延伸了我们对选择的道德考虑，还因为有一些人（包括鹰派的约翰·冯·诺伊曼）用它来论证在冷战期间先发制人采取核打击的必要性。这种游戏于 1950 年由在兰德公司（RAND Corporation）工作的梅里尔·弗勒德（Merrill Flood）和梅尔文·德雷希尔（Melvin

Dresher）发明。

道格拉斯飞行器公司（Douglas Aircraft Company）于1945年为美军提供研究和开发（R and D——因此演变为RAND）服务的项目，兰德公司脱胎于该项目。除了小规模决策，兰德公司还对洲际核战争的可能性和后果开展策略分析。兰德公司于1948年作为非营利组织分离出来，并继续提供策略研究。此外，兰德公司还聘请冯·诺伊曼担任顾问多年。

最初版本的“困境”涉及少量资金，但正是在它的一个变体（两名囚徒面临一段时间的监禁）为这种游戏赋予了令人熟悉的名称，并在道德方面产生了特别深刻的影响：在该游戏中，每名囚徒都有机会提供不利于对方的证据。如果两人都提供证据，那么两人都要蹲很长时间的监狱。如果一方提供证据而另一方不提供，那么提供证据的一方可以无罪释放而另一方的刑期会更长。如果双方都不提供证据，那么他们都会被判短期监禁。

例如，如果双方都提供证据时的刑期是七年、双方都不提供证据时的刑期是一年、只有一方提供证据时的刑期是十年，那么结果表将如表 3-14 所示。

请注意，冯 · 诺伊曼的最大最小定理在这里并不适用，因为该游戏不是零和游戏——一个人在监狱里度过的时间跟另一个人被监禁的时间在数字上并不相对。为了显示两个玩家的不平衡结果，囚徒 1 的结果在上面每个单元格的左下角，囚徒 2 的在右上角。

表 3-14 “囚徒困境”结果

囚徒 1 ↓ | 囚徒 2 →	提供证据	隐瞒证据
提供证据	7 7	10 0
隐瞒证据	0 10	1 1

最好的结果是因人而异的。如果我们着眼于共同利益，希望将他们的合并刑期减到最少，那么很明显，两人都应该拒绝提供证据，这样他们两人只需要在监狱里待两年。然而，如果一名囚徒知道另一名囚徒肯定不会提供证据，那么他就可以通过提供证据来获得对自己最好的结果——免于坐牢（但另一名囚徒的长期徒刑会让其良心不安）。如

果两人都提供证据，那么他们将得到最糟糕的结果——共14年监禁。

这个困境令人困惑的是：如果我们选择任何一个玩家，那么他们似乎只有一个理性的选择。对于囚徒1来说，在另一个玩家提供证据的情况下，囚徒1也提供证据会更好（获得7年刑期，而不是10年）。如果囚徒2拒绝提供证据，那么囚徒1提供证据也会更好，因为囚徒1会被立即释放，而不是在监狱里待一年。也就是说，囚徒2做什么不重要，而囚徒1最好提供证据。

这个游戏是对称的，所以考虑囚徒2的选择时，完全相同的逻辑也适用。无论囚徒1决定做什么，囚徒2也最好提供证据。不过，尽管这种清晰、合理的结果是两个人都应该提供证据，但如果两个囚徒能够合作并且都隐瞒证据，那么他们将实现总体上的最佳结果。

我们有必要强调这一点，因为这能体现“囚徒困境”多么令人难以置信：不管另一名囚徒做什么，一名囚徒都最好提供证据。不过，如果他们能够合作并且都隐瞒证据，那么结果会远优于选择双方都提供证据这一明显不可避免的理性选择。

这里的关键表述是“如果他们能够合作”。让我们把游戏转向积极的而不是消极的结果，它可以更加明显地体现合作的好处。如表 3–15 所示，假设某游戏中有最高 10 英镑可派发。每位玩家可以从奖金池中给对方 5 英镑，也可以自己拿 1 英镑。

表 3–15 “囚徒困境”玩家的积极结果

玩家 1 ↓ | 玩家 2 →	给	拿
给	5 5	6 0
拿	0 6	1 1

再一次，就个人而言，自己拿总是好一些。如果玩家 1 拿走 1 英镑，那么玩家 2 也可以拿走 1 英镑而不是 0。如果玩家 1 给予，那么玩家 2 得到 6 英镑而不是 5 英镑。然而，非常明显，从整体上看，每个人获得 5 英镑的给予 / 给予结果远远好于每个人获得 1 英镑的领取 / 领取结果。请注意：合作结果可以成为玩家的理性选择，只是奖金派发方式略

有不同。在这种情况下，两人不是接受个人的奖金，而是分享他们的奖金总额，此时双方都给予的净额是每人 5 英镑；一人给予、一人领取的净额是每人 3 英镑——合作成为明确的策略选择。

发疯了

虽然设计“囚徒困境”时并没有考虑到现实世界的应用，但设计它的是兰德公司——该公司主要关注核武器使用策略的制定。因此，毫不奇怪，这一困境被视为核军备策略两个阶段的潜在模型。

第一步考虑的是支持核威慑概念。抛开获取核武器的困难不谈，各国可以选择拥有或不拥有核武器。假设美国和苏联在氢弹的发展问题上对峙，那么理想的合作结果将是两者均不制造氢弹，这样，两者就能均不受这种最极端的核毁灭源影响。

然而，从任何一方的角度来看，无论对方做什么，制造氢弹都是更好的选择。因为如果它俩最终都制造氢弹，那么这意味着他们都有威慑力；而如果只有一方制造，那么制造的一方就占了上风。结果，双方都不可避免地制造氢弹，朝着相同的均衡选择前进。这就是后来所说的“相互保证毁灭”思想。

第二步更进一步。完全相同的思路可以被用于先发制人地对对手实施核打击。如果两者均实施核打击，那么至少双方都受到了惩罚。如果只有一方实施核打击，那么它已经清理掉敌人。值得庆幸的是，该游戏没有得出这个理性的结论。合作选择最终胜出，不是因为它在纯博弈论意义上的合理性，而是因为它体现了人类的共同利益，正如在基本的“囚徒困境”游戏中，选择合作对两名囚徒的好处明显优于两名囚徒都提供证据。

奇怪的是，将核对峙视为“囚徒困境”意味着没有将它视为“零和游戏”。然而，双方当事人中更为鹰派的人可能已经考虑到了这种情况，即如果核战争是一场零和游戏，比方说苏联遭到摧毁，那么从美国的角度来看，它将获得利益。“囚徒困境”如此有趣的原因之一就在于此：它可以容纳不太两极化的观点，但仍然得出缺乏人性的明显理性假设。

为了更好地理解“囚徒困境”，我们需要介绍博弈论发展过程中的第二个关键人物——约翰·纳什（John Nash）。

第 4 章
达到平衡

CHAPTER 4

→ 认识约翰·纳什 ←

由于根据他的生平改编的好莱坞电影《美丽心灵》，纳什已经知名度很高。纳什于 1928 年出生在西弗吉尼亚州，他的父亲是一名电气工程师，一生大部分时间都在为阿巴拉契亚电力公司（Appalachian Power Company）工作；而纳什的母亲在结婚前一直是一名教师，结婚后她不再获准继续她的职业生涯（这在 20 世纪 20 年代很常见）。

纳什是一名内向的孩子，喜欢独自在室内玩耍。可能是因为缺乏社交技能，他最初在学校被贴上了“低分者”（包括在数学方面）的标签。就像很久以后在普林斯顿高等研究院的同事爱因斯坦一样，纳什似乎更喜欢从书本中而不是在学校里学习。不过，与爱因斯坦不同的是，他还热衷于电学和化学实验。

但是纳什在数学方面的薄弱与其说是因为他能力不足，不如说是他老师能力不足。学校课程遵循解决数学问题的既定方法，认为任何其他方法都是不正确的。纳什发现，他可以突破常规教学方法，自己设计出更优雅的解决方案——这是老师们没有能力处理的。

我们不需要具备纳什的数学专长水平就能明白这是怎么回事儿。2015 年，美国一名儿童在考试中失分，在社交媒体上引起了轩然大波。试题要求学生们用重复加法算出 5×3。那名儿童用 $5+5+5$ 而不是 $3+3+3+3+3$，老师说学生的答案是错误的，因为 5×3 的意思是“5 个 3”。

很明显，这个逻辑有问题——完全取决于老师有点幼稚的英语句法。因为 5×3 也可以被表述为“5 乘 3”。这意味着 $5+5+5$，因为乘法需要用到 5 三次。说到底，乘法中的数字顺序是“可交换的”（排列次序不影响结果），即 $5\times3=3\times5$。因此这两种方法都是完全正确的。更戏剧性的是，纳什会用与老师完全不同的方式来处理数学问题，导致老师错误地给他降低分数。

随着第二次世界大战接近尾声，纳什来到宾夕法尼亚州的匹兹堡，就读于卡内基理工学院（现名：卡内基梅隆大学）。在父亲的压力下，他申请了化学工程专业，但很快就把时间完全花在了数学上。正是在这里，他跟真正理解数学这门学科的老师在一起，展现出了他绝佳的原创思维和数学能力。在学术上，他开始出类拔萃，尽管在社交方面仍然缺乏技巧：他挣扎着与同龄人相处。后来，他从匹兹堡大学转到普林斯顿大学——那里有非常强大的数学系。

纳什在普林斯顿大学的以结果为导向的氛围中茁壮成长：他在学识上积极进取，并以他的竞争态度对待任何人。他很少听讲座，也没有读多少书——他的大部分时间只是花在思考和解决数学问题上。在这个学术温室里，他不受孤立，并且总是对讨论问题感兴趣，只要他认为对话对象是有价值的人才。

棋盘游戏在普林斯顿大学数学系很受欢迎。纳什是一名狂热的玩家，尤其痴迷于西洋军象棋（Kriegspiel）——国际象棋和战舰的混合体，玩家只能看到自己的棋子。他还设计了自己的游戏，在普林斯顿大学简称为“纳什”或“约翰”游戏。它的一个变体是几年前在荷兰独立发明的，后来在商业化时被称为“六贯棋”。游戏在菱形棋盘上进行；棋盘上有六边形的“格子”（普林斯顿棋盘是一位同学设计的）；就像下围棋一样玩家在棋盘上放置黑色或白色的棋子。

“约翰”游戏的获胜者是第一个用一条不间断的线将棋盘（每个都有一对指定的边）的相对边连接起来的人。在设计游戏时，纳什想出了一个两人零和游戏——像国际象棋一样，它有“完美信息”。拥有“完美信息”意味着对任何玩家都没有隐瞒。例如，在国际象棋中，您知道棋盘最初是如何设置的以及此后的每一步棋。相比之下，在大多数纸牌游戏中，您没有“完美信息”，因为您不知道其他玩家手里有什么。在纳什的游戏中，原则上，如有完美的策略，首先走棋的玩家总是能赢——尽管纳什明确表示他不知道那个策略是什么。虽然这款游戏比国际象棋简单，但仍有太多可能的走法，因此没有明确的完整策略。

是冯·诺伊曼让纳什对博弈论的概念产生了兴趣。乍一看，纳什并不是该理论的理想人选。从数学家的角度来看，纳什认为许多应用数学毫无价值，而且游戏数学的确看起来是微不足道的。虽然冯·诺伊曼是学者，但也深入投身于商业和政治领域，具有巨大的影响力，所以彼时的纳什为冯·诺伊曼的魅力所吸引。

跟许多同龄人一样，纳什沉浸在冯·诺伊曼和摩根斯特恩的重量级著作《博弈论与经济行为》中。这部著作深入研究了两人零和游戏（纯粹冲突的游戏），但实际上，两人零和游戏是相对罕见的人类互动模式。相较之下，冯·诺伊曼在处理非零和博弈时就不那么成功了。纳什看到了一个缺口，抓住了经济领域最基本的游戏之一——讨价还价，作为他第一篇学术论文的基础。

纳什的方法与我们到目前为止看到的游戏相当不同：它综合考虑参与讨价还价的人的选择和他们从达成协议中获得的潜在利益，还利用了交易各部分对玩家的相对效用。然后，他使用了一种图示方法来确定玩家的组合的最大效用。

通过考试后，纳什需要提出论文主题。他向冯·诺伊曼提出了一个想法，但冯·诺伊曼却对此不以为然。不过，纳什坚持己见，此举无疑是放弃了之后可能从冯·诺伊曼那里获得的帮助。纳什的想法是超越最大最小，提供既适用于非零和游戏又适用于两个以上玩家游戏的解决方案。这个概念后来成了著名的“纳什均衡”，并将成为纳什对博弈论的最大贡献。当时他 21 岁。

纳什在数学的其他领域（尤其是在几何和微分方程方面）也取得了相当大的进步。然而，在相当长的一段时间里，精神健康问题毁了他的生活。他在 30 岁之前成为麻省理工学院的教授。在他本应处于影响力巅峰的时候，他的精神状况开始让同事们担忧。有一次，他甚至一本正经地告诉其他教师,《纽约时报》的一篇文章包含来自另一个星系的加密信息。

在接下来 30 年左右的时间里，纳什患上了严重的偏执型精神分裂症，他需要定期住院治疗，因而无法为他热爱的工作做出贡献。他已经完全从数学界消失了，甚至有年轻的学者认为他已经死了。直到 20 世纪 90 年代初（纳什

60 多岁）时，他才康复（对患有这种疾病的人来说很不寻常），并及时获得了 1994 年诺贝尔经济学奖。他一直活到 2015 年，享年 86 岁。

⟶ 纳什均衡 ⟵

纳什对博弈论的最重要贡献是被描述为“纳什均衡”的结果。假设在某游戏中，每个玩家可以选择红色或蓝色。玩家 1 选择红色，玩家 2 选择蓝色。如果玩家 1 选择蓝色不会更好且玩家 2 选择红色也不会更好，那么这个“解”就是纳什均衡。纳什均衡在“囚徒困境”等博弈中存在一个（在那种情况下，互相背信弃义）或多个。这意味着，与冯·诺伊曼只适用于零和游戏的最大最小策略不同，纳什均衡适用于具有更复杂结果的应用场景。

例如，考虑奖金池中有 5 英镑的游戏。两个玩家可以选择要 2 英镑或 3 英镑。如果他们选择相同的金额，那么他们什么也得不到；但是，如果他们选择不同的金额，那么他们就会得到自己想要的。在这种情况下，他们有收获的两种结果都是纳什均衡，因为在任一种情况下，每个玩家都需要鉴于对手的选择做出最好的决定。

如表 4–1 所示，如果玩家 1 选择 2 英镑，那么 3 英镑是玩家 2 的最佳策略；而如果玩家 1 选择 3 英镑，那么 2 英镑是玩家 2 的最佳策略。因为相同的结果均来自玩家 1 的最佳策略，所以上面突出显示的结果均代表纳什均衡。

表 4-1　现金选择博弈的结果——大的数值代表纳什均衡

玩家 1 ↓ | 玩家 2 →	2 英镑	3 英镑
2 英镑	0 0	3 2
3 英镑	2 3	0 0

这种类型的游戏过去称为“性别之战”游戏——在这种游戏中，回报代表一对夫妇可以做的活动，而不是金钱，如表 4–2 所示。

表 4-2 “性别之战”博弈的结果——大的权值纳什均衡

玩家 1 ↓ | 玩家 2 →	看电影	吃饭
看电影	2 3	0 0
吃饭	0 0	3 2

这里的目的是让玩家匹配，而不是选择不同的东西。一对伴侣中的一个更喜欢看电影，而另一个更喜欢吃饭。在这种情况下，当伴侣约定一项活动时，这里又有两个纳什均衡；但每个人喜欢的均衡不同。如果伴侣能提前讨论他们的策略，那么他们就能确保达到均衡。因为这种情况很可能持续，所以在实践中他们会倾向于使用混合策略——也许轮流进行另一个人更喜欢的活动。

然而，如果这个游戏是一次性的，而且不管出于什么原因，在两个人决定见面之后，在他们约定某项活动之前，电话网络就中断了，那么这个游戏就更加棘手了。诚然，这是一个极其虚拟的例子；但是，在这种情况下，玩家不得不依靠他们关于对方会做什么的猜测——并不总是对自己有利。稍后我们将回到这个游戏。

懦夫博弈

这个游戏的另一个变体是将青少年最爱的好莱坞电影《无因的反叛》(*Rebel Without a Cause*)改编成《油脂》(*Grease*)(即使它似乎很少发生在现实生活中)。

数学家、哲学家伯特兰·罗素给这个游戏起名为“懦夫博弈”(chicken game),并把它作为核威慑力量的替代游戏模型。如表 4-3 所示,这个游戏通常被描绘成两辆车在

表 4-3 “懦夫博弈”的结果——基于保全面子和拯救生命的结合,数值是任意的

玩家 1 ↓ | 玩家 2 →	转向	直行	行极小值
转向	5 5	8 2	2
直行	2 8	0 0	0
列极大值	8	2	

马路中间相向行驶。如果两者都继续前进，那么他们就会被撞毁。如果其中一个突然转向，那么他们都能幸存，但是没有让路的司机得到了荣誉。如果两个司机都转向，那么他们都活了下来，谁也没有获得优势。

跟前面的博弈一样，组合中有两个纳什均衡：一个转向，一个直行——因此，知道纳什均衡并不能指导理性选择。虽然这不是一个零和游戏，但它确实有最大最小鞍点。[1] 玩家的最大最小值是 2——转向的结果（直行的最小值为 0）。因此，理性的选择是双方都转向。

1962 年 10 月古巴导弹危机期间（当时苏联开始在距离美国海岸仅 100 多英里[2] 的加勒比海古巴岛上建设核导弹基地时），罗素将这个游戏用作核对峙的数学隐喻。此前，美国在 1961 年入侵猪湾（Bay of Pigs），试图驱逐古巴共产党领导人菲德尔·卡斯特罗，但失败了。这场危机变成了大国之间一场真正的博弈——美国总统肯尼迪威胁说：如果

---

❶ 在上表中我们看到玩家 1 的数值。对于玩家 2，我们需要行极大值和列极小值，这将再次提供鞍点 2。

❷ 1 英里 ≈ 1.6093 千米。——编者注

导弹不拆除，那么美国就实施核攻击。两个大国都没有遭受核攻击这一事实强调转向与结果有关。双方都转向是有争议的，尽管美国的立场似乎更接近直线战略。

同样值得指出的是，分配给结果的数值可能会产生误导。我们在这里任意指定的数字 2 和 0 看起来没有多大不同。但是在许多现代文化中，人们倾向于认为丢脸和生存比保住面子和死亡更有价值。情况并非总是如此，毕竟，认为死亡比丧失荣誉更可取的文化也是存在的。

这一点很重要，因为玩家可能会倾向于混合策略，有时会突然转向，有时会直接攻击其他人。碰撞的成本越高，在混合策略中直行的频率就越低。由于生存比失败更重要，因此不太可能出现两者同时向前行驶并发生碰撞的情况。

带宽困境

值得庆幸的是，我们中很少有人不得不做出部署核武器的决定（或者参与过“懦夫博弈”），但我们确实经历过“囚徒困境”这种典型的博弈——在这种博弈中，纳什均衡的“理性”结果是双方都遭受不必要的痛苦。纯粹寻找纳什均衡时缺失的是结果是否是“帕累托有效”的。帕累托有效解是指一个玩家不能在不恶化另一个玩家境况的情况下优化自己的境况。在“囚徒困境”中，如果从两个玩家均背信弃义的纳什均衡转换到两个玩家都合作，那么两个玩家的境况都会优化。没有人的境况会恶化——合作是“帕累托有效”的。

“囚徒困境”的相互作用可能发生在如下情形：两个人共享资源，并且任何一个人都可能占主导地位；但是，如果两个人都试图这样做，那么结果是两个人都无法占主导地位。在这方面比较常见的例子是无线网络：如果发射机彼此靠近，那么功率太大就会干扰，从而减少双方的可用带宽。

如果每台发射机都降低功率，那么两台发射机都会从带宽扩展中受益；但是，如果只有一台发射机降低功率，那么它就会蒙受损失，因为另一台发射机会将其淹没。如果任其自行处理，并赋予理性行事的权力，那么单台发射机会选择高功率路线，产生帕累托低效纳什均衡。但是，如果发射机可以互相协调，那么它们就可以约定降低功率，以互惠互利。与基本的“囚徒困境”不同，这种情况可以持续监测，因此可以在不违背约定的同时也符合参与者的利益。

理解“囚徒困境”的运作原理及其博弈论意义可以成为强调合作好处的有用谈判工具。第一次了解到“囚徒困境”时，人们很容易认为它证明了博弈论的局限性，因为纳什均衡不是一个理想的结果——但这没有抓住问题的关键。人们倾向于说“如果每个人都那样做会怎样？”，但这是假设纳什均衡是理性决策。现实的情况是，在某些游戏中，纳什均衡并不是一个理想的结果，这在无线网络问题的老表亲“公地悲剧”（the tragedy of the commons）中更为明显。

在这种情况下，共享资源是有限的；如果每个人都获得公平的份额，资源就是足够的。这里的“公地”在历史上是指动物共享的牧场。没有人拥有这片土地，个人可以选择其拿走多少资源。就个人而言，如果他们比其他所有人拿得多一点，那么这对他们更好。少数人这样做也不会产生什么问题——但是一旦大多数人开始这样做，整个系统就崩溃了。地球自然资源也是如此，代表地球人口一小部分的几个富裕国家可以获取远远超过其份额的可用资源，而这在以前可能不是很大的问题。但是，现在世界其他地方已经开始赶上来（这很公平），地球已开始出现资源短缺问题。

从博弈论的角度来看，理性的做法是拿走多于自己应得份额的份额，尽管这是会导致所有人都吃亏的均衡。但请记住：这里的“理性”并不意味着整体上从“公地”的角度来看是明智的，而只是在做出决定的那一刻，从您、您的家庭、您的国家的角度来看是明智的。作为人类，我们应该超越眼前的短期结果，考虑得更长远更广泛，考虑对整个社会的好处。

⟶ 被迫合作 ⟵

有时，当存在真正的囚徒困境时，玩家会被迫开展有益的合作，即使他们在只顾自己的情况下可能会以不令人满意的纳什均衡而告终。20 世纪 70 年代，美国的主要烟草公司在广告上花了很多钱。依赖广告的两家大公司的估计年利润（以百万美元计，根据通货膨胀率折算为 2021 年的金额）如表 4–4 所示。

表 4–4　利润

单位：百万美元

雷诺 ↓ | 莫里斯	不做广告	做广告
不做广告	350 350	420 140
做广告	140 420	190 190

注：根据通货膨胀率折算为 2021 年的金额。数值是对类似规模公司的估计，实际数值可能会有所不同。

这是一个“囚徒困境”，因为无论另一个玩家做什么，一个玩家做广告会更好，毕竟，不做广告的一方收入会有重大损失。此时，两家公司都损失了收入。然而，美国政府迫使这些公司停止广告，以换取联邦诉讼豁免权。从烟草公司的角度来看，这其实是一个很好的结果，因为这意味着他们的利润飙升——其对手也不能继续做广告，而同时他们又省下了巨额广告费用。尽管增加烟草公司的收入不是政府的初衷，但这就是政府行动的结果。

疫苗接种游戏

新冠感染疫情已提供博弈论在发挥作用的一些重要例子。各国政府自然希望确保本国人口接种疫苗——事实证明，有些政府在这方面比其他政府做得好得多。这里有两个层面的博弈。

更大规模的博弈是需要超越单个国家，放眼整个世界。即使这种疾病在一个国家几乎被消灭，病毒的国际传播和变异也意味着它有重新输入并以更致命的形式再次传播的危险。因此，重要的是尽可能确保全世界的疫苗接种。然而，支持自己国家先做好疫苗接种的策略也是必要的，即使只是为了氧气面罩规则。

氧气面罩规则是航空公司发出的明显残酷的指令：在机舱压力下降而部署了氧气面罩的情况下，负责任的成年人应该在帮助他们的孩子或依赖他们的其他人之前戴上自己的面罩。这是因为如果负责任的成年人在戴上自己的面罩之前失去知觉的话，孩子可能不知道如何帮助成年人。类似地，即使一些人抱怨他们的国家首先关注的是本国公民，但是如果这个国家没有首先稳定下来，那么它帮助其他国家的能力就会减弱。

然而，一旦您自己的国家在博弈论的模式下纯粹出于自身利益而行动，确保世界上尽可能多的其他国家也接种疫苗也符合该国的利益，特别是在国家之间有大量流动人口的情况下。

欧盟在实现这两个层面的良好平衡方面尤其考虑不周。欧盟威胁要阻止欧盟制造商向其他国家合法出口疫苗，以掩盖其自身供应的不足，而不是简单地确保自己获得疫苗的合同有效实施后再帮助其他国家。这可以视为一场精明的博弈，但事实证明这是一个糟糕的策略，因为疫苗生产业务的跨境程度很高——如果欧盟禁止出口，那么其他国家同样可以阻止对欧盟疫苗供应链至关重要的产品的出口。

在个人层面上，这种博弈经常需要合作，因为许多人类文化认识到合作的好处，并在道德上奖励合作。尽管这种道德行为可能产生于宗教的影响，但它在参与者相互认识的个人或小团体层面上最有效。即使两个国家可能有这样的共同文化，但在国家层面上实施适当的合作策略仍然要困难得多。

—→ 拿走或留下 ←—

这些经典的博弈论问题依赖于同时决策。正如我们将在第 5 章中看到的，如果重复玩游戏，那么最佳策略会大幅改变，这在体现社会互动的游戏中很常见。现在，我们来看更简单的游戏：只有一个回合，但玩家按顺序采取行动。这个游戏与像囚徒困境这样的游戏不同，因为在这种游戏中，知道对手的决定可以消除困境——这就是“最后通牒游戏”的本质。

假设有可能赢得 10 英镑奖金。在最后通牒游戏中，第一个玩家决定如何在玩家之间分配这笔钱；在听到第一个玩家的决定后，第二个玩家可以说“是”来接受这种分成，或者说“否”来拒绝——在这种情况下，不会分配奖励。

最后通牒游戏有两种纳什均衡，这两种都不可能在现实中出现。它们体现了弱均衡和强均衡之间的区别。如果第一个玩家什么都不给，第二个玩家什么都接受，那么这是弱均衡，因为无论做出什么选择，第二个玩都什么也不到。强均衡是第一个玩家提供最小的货币单位（在 10 英镑的例子中为 1 便士），而第二个玩家接受大于 0 的任何分配。从纯粹的财务角度来看，这是理性的选择——否则第二个玩家实际上是拒绝免费的钱，而且这是强均衡，因为对第二个玩家来说（在财务上）接受提议比拒绝提议要好。

有趣的是，经典经济学家将理性定义为财务回报最大化，但这一定义并不成立。如果第一个玩家平分这笔钱——每人 5 英镑，那么第二个玩家几乎总是会说“是”。然而，如果第一个玩家给自己分配奖金池的大部分，那么就会有一个临界点——在这个临界点上，第二个玩家会说“不”，因为其认为其财务收益的重要性低于惩罚另一个自私玩家的意愿。

例如，在总奖金为 10 英镑的情况下，第一个玩家只分给第二个玩家 10 便士。这个游戏已经尝试过很多次了；在绝大多数情况下，第二个玩家会对这个提议说“不”。但是请再次注意玩家 2 正在做的事情——拒绝免费的钱。从纯粹的经济标准来看，他们的决定并不理性，但这是一个自然而然的决定。

一般来说，只要第一个玩家拿走的金额少于奖金池的 70%，西方文化背景的玩家通常会允许。在这种情况下，给另一个玩家多于 3 英镑可能是可以接受的，但如果少于 3 英镑，另一个玩家就可能会说“不”。在其他文化中，分成比例通常需要接近 50%。但是，正如经济利益不是唯一的决定因素一样，这个结果本身也不像心理学家描述的那样明确。

在研究中，这类游戏几乎总是用很少的钱玩。经济学教授肯·宾默尔（Ken Binmore，他负责我们将在第 6 章中遇到的一些博弈论拍卖工作）表示：这种效应“不会随着赌注的增加而消失”，但现实是，表明这一点的研究从未提供大到足以改变生活的金额。

在我的一次公开演讲中，我请听众参加一个实验。在这个实验中，奖金不是 10 英镑，而是 1000 万英镑。然后，我请观众站起来，我从 100 万英镑开始减少其将从 1000 万英镑中获得的比例；当我提出的金额达到他们会拒绝的金额时，他们就坐下。在这个实验中，没有人拒绝过 10 万英镑。但请记住：这与游戏的低数值版本中几乎普遍拒绝的 10 便士在比例上完全相同。

人们通常在 1 万英镑左右开始坐下。当然，说会拒绝别人给自己 1 万英镑是一回事，真正做到是另一回事。降到 1000 英镑时，通常大约一半的观众已经坐下，少数人（可以说是理性的）坚持在 10 英镑左右（相当于游戏的 10 英镑版本中的 0.001 便士）。只有一次，有人一直坚持到 1 英镑。

诚然，这是非正式民意测验和没有金钱交易的思维实验，所以不能作为确切证据。尽管如此，我们也很难相信这种反应与现实差异大到玩家会拒绝（比如说）10 万英镑。尽管历史文献表明：人们的行为不会因赌注大小而改变，但最近的研究（涉及真正大额的赌注）否定了这一发现，它发现随着赌注金额的增加，拒绝提议的临界点在总额中的比例越来越低。让我们回到之前在伯努利游戏中看到的期望值和效用平衡。

伯努利游戏是最后通牒游戏的一个变体，它被称为“独裁者游戏”。在这个游戏中，第一个玩家再次分钱，但是第二个玩家没有拒绝分钱的选项。显然，第一个玩家的纯经济理性决策是保留所有现金（第二个玩家没有决策权），但在实践中，鉴于社会因素，第一个玩家往往会给第二个玩家一些。有人认为：尽管不那么有趣，但这个游戏更接近于现实世界的许多情况，即一个人决定把钱给别人，而无法得到任何有形的回报。

→ 追求公共利益 ←

更接近现实生活的另一种游戏叫作“公共物品游戏”。它体现了如果有足够多的人负责任地行事，那么承担个人成本就会带来广泛的好处。这类个人成本包括疫苗接种和福利支付。实际上，这种游戏是“公地悲剧”的反面。

在这个游戏中，每个玩家可以把自己愿意投入的金额放进共享奖金池里。然后将奖金池乘一个大于 1 且小于玩家人数的数，所得金额将在玩家之间平均分配。纳什均衡又一次与最佳公共结果背道而驰。

纳什均衡表明玩家不应该对奖金池有任何贡献。作为搭便车者，玩家从其他人的贡献中可以获得最好的结果。然而，从逻辑上来说，没有人会做出贡献，所以没有人会得到任何东西。相比之下，如果所有人都往奖金池尽可能多地投入，整体利益就会最大化。请注意，奖金乘数应该小于玩家人数，这一限制是决定因素——如果乘数大于玩家人数，那么纳什均衡就是尽可能多贡献。

超越 2×2

不是所有游戏的两个玩家有两种选择。如果某个游戏的一方仍然只有两个选择，而另一方有多个选择，那么在一个策略优于另一个的情况下，我们通常可以为有两个以上选择的玩家消除一些策略。

假设我们回到在第 3 章中遇到的餐饮经营者。他还是在应对炎热和寒冷的天气，但现在他有一整套食物组合可以购买，有些在炎热的天气销量更好，有些在寒冷的天气销量更好。[1] 我们暂时只关注他的两个购买策略，见表 4–5。

表 4–5　比较假设天气炎热的两种策略的结果

单位：英镑

天气：预期 ↓ | 实际 →	天热	天冷
天热策略 1	500	–50
天热策略 2	400	–100

无论天气如何，天热策略 1 总是优于天热策略 2，所以我们可以不考虑天热策略 2。在这种配对中，天热策略 1 被称为“占优策略”。占优是一项策略脱颖而出的原因之一，这就是“囚徒困境”中纳什均衡的来源——提供证据对双方而言都是占优策略。

如果使用占优来消除一些策略无法将 $2 \times n$ 的博弈简化为 2×2 博弈，那么博弈仍然可以通过取博弈的 2×2 部分来解决，我们还可以观察这个解决方案对其他策略是否有效——这包括检查策略对，以找到可行的 2×2 方法。在实践中，博弈论者还会使用图形解决方案。

[1] 看起来好像这个游戏只有一个玩家，但实际上天气是另一个玩家。

这种方法包括两个坐标轴，一个轴显示博弈中一方其中一个策略的数值，另一个轴显示另一方的数值。

如果我们将餐饮经营者的选择扩展到四种策略，如表4-6所示，那么线条图如图4-1所示。

表4-6　比较两种天热策略和两种天冷策略的结果

单位：英镑

购买↓ | 出售→	天热	天冷
天热策略1	500	-50
天热策略2	400	-100
天冷策略1	-150	200
天冷策略2	-200	300

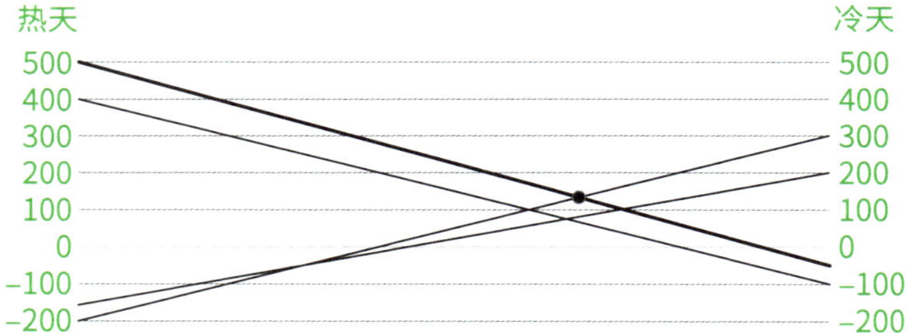

图4-1　四策略线条图

得到解决方案的办法是：取形成顶部边界的线（在图

4–1 中标记为最粗的线）并找到该结构的最低点（在图 4–1 中标记为点）。这表明餐饮经营者需要混合策略——基于天热策略 1 和天冷策略 2 的组合策略，并用通常的 2×2 方法计算数值。

在多于两列但只有两行的游戏中，图解需要找到底部边界并确定其上的最高点。

"石头剪刀布"

当然，真实世界的双人游戏并不总是局限于 $2\times n$ 个选择，而可以是 $m\times n$ 个，而每个玩家都有一系列可用的策略。也许最简单的是我们熟悉的在两个人中选择的机制："石头剪刀布"——每个玩家有三个相同选择的 3×3 游戏，如表 4–7 所示。

表 4–7 "石头剪刀布"的结果

玩家 1 ↓ | 玩家 2 →	石头	布	剪刀
石头	0	–1	1

续表

玩家 1 ↓ | 玩家 2 →	石头	布	剪刀
布	1	0	–1
剪刀	–1	1	0

在这个游戏中，我们回到像“圈叉游戏”那样的零和游戏——虽然没有可能的鞍点，因为所有列的极大值都是 1，而所有行的极小值都是 – 1。我们不能排除任何策略，因为没有一个策略占优。“石头剪刀布”这款游戏也不存在纳什均衡，因为在其他玩家选择给定的情况下，不存在对每个玩家均最佳的组合。

由于这款游戏的对称性，该游戏也不需要在上面的一些博弈中就混合策略而言所需的计算。这里的纳什均衡解是每个玩家以相等的概率在三个选项中做出选择，选择每个选项的概率均为 $\frac{1}{3}$。跟往常一样，如果一个玩家没有使用最优策略，比如说，总是出石头，那么另一个玩家应该利用这个错误，总是出布。

对于其他多策略 $m \times n$ 游戏，我们可以像以前一样应用鞍点和占优来检验。但是，如果结构不能分解成简单可解的 2×2 游戏，又存在解，那么寻找解的过程将变得越来越复杂。图示方法仍然可以使用，但我们进入了多维空间——不容易画出来，需要用计算机来解决。问题由于在数学上太复杂而无法通过简单的演示（通常是“枢轴法”，涉及对表格的多次操作）来解决，但理论上总是可以解决的。

预测对手

在游戏中（无论它们体现现实世界中的什么，无论是棋盘游戏、经济学还是一般的人类行为），我们很少完全了解对手的策略。因此，总是有递归参数的危险：一个玩家可以假设对手的策略是什么，但是如果另一个玩家知道第一个玩家在想什么，那么他可以采取行动来反击。

这一点在玩“石头剪刀布”游戏时就能看出来：有证据表明，男性更倾向于选择“石头”作为其第一选择。这意味着如果玩家 2 知道这一点而且是在跟男性玩，那么选择“布”对她有利。然而，如果玩家 1 也意识到了这种倾向，并认为玩家 2 会选择“布”，那么玩家 1 实际上应该选择“剪刀”。但是，如果玩家 2 猜到了玩家 1 所想，那么玩家 2 应该选择“石头”……以此类推。

同样，如果我在玩，而我意识到我的对手知道长期最佳策略是随机选择，那么我可能会计算出对手的第二个选择与第一个选择不同的可能性更大。所以，如果我们一开始都选了“布”，那么我可能会推断出对手的下一个选择更可能是“石头”或“剪刀”，除非对手也在试图猜测我的策略。

熟悉博弈论的玩家以这种方式思考策略的风险是：大多数玩“石头剪刀布”的人不会采用这种微妙的方法。上次我跟某人玩，那人一开始出“布”。我问她为什么选择了“布”，她说这是因为“布”是三者中她最喜欢的，因为在生活中它的形状是整齐的长方形。

我们必须时刻牢记博弈论假设玩家的行为是理性的，前提是“理性”很可能不仅仅是基于纯粹的经济学。遗憾的是，在现实世界中，我们经常出于非理性的原因做出一些小决定，因为这些决定其实没多大关系。我们大多数人都承认生命太短暂，无法对每一件细微的事情（比如说，从一盒巧克力中选择哪一种）都从策略角度权衡利弊。我们希望我们在做出重要决定时是理性的——尽管可以说即使在做出重要决定时也可能不“理性”。

→ 我想您是对的 ←

有时候，游戏的结构可以基于我们认为别人会做出什么选择。说明这一点的一个简单游戏是“猜谜游戏”[有时称为“选美比赛”——这是对英国经济学家约翰·梅纳德·凯恩斯（John Maynard Keynes）提出的一个概念赋予的名称]。例如，我们可以让一组人中的每个人选择 1 到 10 之间的一个数字。猜得最接近所有所选数的平均值的 $\frac{2}{3}$ 的人获胜。很显然，我们不应选择大于 7 的数字，因为即使每个人都选择 10，人们的目标值也是 6.666…——最接近它的数值是 7。用我们已经用过的术语来说，7 是大于 7 的所有猜测的占优策略。

然而，如果每个玩家都有足够的知识来解决这个问题，那么我们实际上只是让玩家选择 1 到 7 之间的数值。如果是这样的话，那么平均值的 $\frac{2}{3}$ 不会超过 5。这表明不应选择大于 5 的数字。但是如果每个人都只选择 1 到 5 之间的数字……所以这个过程还在继续。最后，使用这种逻辑的每个人只能选择 1——纳什均衡——每个人都会赢（如果有一笔奖励要分，那么分得的奖励可能会很少）。

然而，在现实世界中，被要求参与这个游戏的人可能不会考虑得如此详细。假设每个人都是随机选择的。最有可能的结果是什么？数字 5 通常会出现在中间，其 $\frac{2}{3}$ 就是 3.333 …，最接近的数值是 3。但是，在现实中，数字 1 到 10 的平均值是 5.5，其 $\frac{2}{3}$ 是 3.666 …——因此获胜值是 4。出于兴趣，我随机选择 1 到 10 之间的一个整数，两次在 1000 个人中玩这个游戏：一次平均值的 $\frac{2}{3}$ 是 3.736；另一次是 3.754。

不过，在现实世界的游戏中，情况可能会有所不同，因为当人们被要求在 1 到 10 之间选择一个数字时，7 是最有可能选择的数字。既然如此，情况会如何？答案是，即使有一半人选了 7，获胜号码仍然是 4；但是，如果所有人都选了 7，那么获胜号码就变成了 5。

1997 年和 2015 年，在美国经济学家理查德·塞勒（Richard Thaler）设计的一场比赛中，这种游戏的一个变体在英国《金融时报》上经过两次真正的测试。在塞勒版本的游戏中，数字的选择范围是 0 到 100，参与者被要求猜测一个“尽可能接近平均猜测的 $\frac{2}{3}$”的数字。在 1997 年的试验中，奖品是从英国到美国的两张商务舱机票，而在 2015 年的版本中［由英国经济学家兼作家蒂姆·哈福德（Tim Harford）代表塞勒管理］，奖品是“一个豪华旅行包”和泰勒的一本新书（有 1382 人为机票而竞猜，有 583 人为旅行包和新书而竞猜）。

英国《金融时报》的读者可能比一般人更善于计算：尽管在最新的调查中，猜测值分散在范围内，但最受青睐的猜测值是 1，其次是 0，然后是 22。猜测 42 的人也不少，他们可能是道格拉斯·亚当斯的粉丝——他的书《银河系漫游指南》将 42 作为生命、宇宙和一切的终极问题的答案。猜测 100 的人也不少，来自协调一致的一群参与者；他们试图拉高平均水平，以降低理性决策者获胜的可能性。

基于猜测值的分布，2015 年的获胜猜测值是 12；而 1997 年的猜测值分布类似，数字 13 获胜。最终，2015 年的比赛有大约 20 个正确的参赛猜测值——获胜者是因为给出了其选择的最佳解释而被选中的。

第 5 章

如果一开始您没有成功

CHAPTER 5

土拨鼠日

我们已经看到：多次博弈被用来产生纳什均衡以支持单个决策时，混合策略对博弈论有何影响。然而，在重复是来真格的情况下，特别是在双方都不知道游戏序列是否或何时结束的情况下，会有更深远的后果。这可能看起来很奇怪，因为一系列游戏通常有固定长度，无论我们是在考虑“石头剪刀布”、国际象棋还是网球。然而，请记住，博弈论比文字游戏范围更广；在许多现实情况中，一系列互动是没有可预测的结局的。

博弈论正是用这种无限重复的可能性来解释互惠——一个人愿意接受对自己不利、让其他人受益的结果，因为在未来的某个时刻，情况可能会逆转。这意味着，从长远来看，为他人着想比起采用经济学家的理性出发点、纯粹自私地行事是更好的策略。

然而，互惠并不包括利他主义——在利他主义中，个人决定在一场游戏中选择对自己不利、让整体受益（或者没有任何潜在未来利益）的结果。在这里，单纯基于财务收益的过分简单化博弈论是不够的，我们需要引入为他人做某事所产生的积极情绪以及关心他人的文化和社会框架。

零和思维

在 20 世纪 50 年代末到 60 年代初，俄亥俄州立大学的一系列实验让学生们在一系列重复的简单双人游戏中相互竞争。实验的结果并不令人惊讶——人们不善于判断与自己相关的数字结果的含义。但也许更有趣的是，玩家似乎在游戏中应用了错误的模型。

在俄亥俄州立大学的实验中，学生们有红色和黑色的按钮可供选择，并获得了偿付表，其中一个偿付表如表 5-1 所示。

表 5-1 俄亥俄州立大学游戏结果，其中红色总是更糟

玩家 1 ↓ | 玩家 2 →	红色	黑色
红色	0 0	1 3
黑色	3 1	4 4

请注意这里选择红色有多糟糕。这是纳什均衡的对立面。无论另一玩家做什么，玩家的情况在按下红色按钮后会更糟。不过，在这项研究中，学生们选择红色的比例为 47%。

在考虑为什么部署这样一项不合逻辑的策略之前，我们需要插入"限制条款"。近年来，许多社会科学实验的结果受到质疑，因为样本量太小[1]，或者实验设计不严谨，它们实际上没有检测出应该衡量的效果。这些研究往往要么

[1] 样本量在这里是指实验参加人的数量。为了能代表广大公众，往往需要数百甚至数千人参与。其中一些研究涉及不到 10 个人。

采用了精选法——只记录支持某论点的结果，要么犯了所谓的“数据操纵”[1]（p-hacking）罪——研究人员以多种方式查看产生的数据，直到他们找到具有统计显著性的因素的特定组合[2]。

就像在俄亥俄州立大学的实验中一样，另一个问题是社会科学实验经常使用学生作为测试对象——在从年龄和教育水平到种族和受剥夺程度的各种因素上，这些人在整个人口中极不具有代表性。社会科学研究中的诸多问题导致了所谓的再现危机，即当许多从前的研究以更仔细的方式重复时，它们的结果无法复现。2015 年，对 100 项心理学研究的分析发现，平均而言，影响只有当初记录的一半，而在 97% 的当初研究发现了显著影响的情况下，只有 36% 的研究的确复现了当时的显著影响。因此，我们需要对所

[1] 又名 P 值黑客或 P 值篡改。P 值是统计时用来判定假设检验结果的一个参数。——编者注

[2] 统计显著性衡量的是观察到的效应纯属偶然发生的可能性。某结果只是在某个意义上显著未必意味着它重要。某结果可能是完全微不足道的，是没有任何有意义的暗示，但仍然具有统计显著性。

有陈旧心理学和社会学研究的结果持怀疑态度。但是，即使俄亥俄州立大学的研究中 47% 这个比例比较夸张，有人会选择红色也显得很奇怪。

有人认为，不理性地选择红色是因为我们习惯了零和游戏。当然，许多棋盘和纸牌游戏确实是零和结构。因此，容易将击败对方作为游戏的目标，而不是制订最佳策略——其中包括合作的可能性。人们怀疑，在俄亥俄州立大学的实验中，与其他选手获得相同的结果被认为是平局，而不是输赢。这可能导致如果一个玩家选择了黑色，那么另一个玩家会觉得每次也都选择黑色是一个糟糕的策略，尽管表格清楚地表明那个策略不糟糕。虽然后来的一系列实验旨在避免游戏术语（例如，将互动称为交易而不是游戏），但这样一个实验的设置感觉更像是输赢游戏，而不是与另一个人的真实互动，并可能影响了决策过程。

→ 冷酷和惩罚 ←

重复博弈在许多比赛中被探索过。在这些比赛中，一系列计算机算法相互对抗，以观察随着时间的推移哪些策略占上风。以这种方式探讨最多的是“囚徒困境”。许多延伸游戏策略在一定程度上起着报复作用，试图迫使对手合作。其中最强有力的策略称为“冷酷”（grim），包括合作（不提供证据）直到对手违背约定（提供证据）。从那时起直到永远，策略是不合作。一击不中您就出局了。

“冷酷”是一种要么全赢要么全输的策略。如果人类玩家意识到对方肯定会采取这种策略，那么理性的做法就是合作。然而，由于一般情况下我们不知道对方的策略，许多策略会偶尔违背约定以试水；“冷酷”这种要么全赢要么全输的方法意味着对碰运气的那些人的整体结果产生负面影响。在实践中，重复“囚徒困境”博弈有一个更好的获胜策略称为“针锋相对”。

简单地说，这种策略包括从合作开始，就采取对手在前一局中采取的任何行动。这个想法感觉像是典型的“以眼还眼”的人类反应。然而，要成为有效的策略，它需要一些微妙之处。如果我们认为自动算法采用这种精确的策略，那么它就变成了“冷酷”的振荡等价物。让我们使用之前用的结果表来看看结果。这是“囚徒困境”的“正面”版本——其中的数字是赢得的金额，这样我们就可以看到在重复游戏中累积的奖金，结果如表 5-2 所示。

表 5-2 “囚徒困境”正面版本的结果

单位：英镑

玩家 1 ↓ | 玩家 2 →	合作	违背约定
合作	5 5	6 0
违背约定	0 6	1 1

假设前 6 次游戏的结果如下。当两个玩家都使用冷酷策略、完全合作时，结果将是各赢 30 英镑。如果两个玩家都使用最基本的“针锋相对”方式，那么结果将是一样的，因为规则说要合作，除非另一个玩家给出违背约定的证据。但是假设一个玩家冒险、违背约定，之后双方都采取了“针锋相对”的方式。

我们会得到如表 5-3 所示的序列。

表 5-3　采取“针锋相对”策略的前 6 次游戏（一名玩家违背约定一次）的结果序列

单位：英镑

玩家 1		玩家 2	
违背约定	6	合作	0
合作	0	违背约定	6
违背约定	6	合作	0
合作	0	违背约定	6
违背约定	6	合作	0
合作	0	违背约定	6

结果只是各赢 18 英镑——比“冷酷”对“冷酷”差多了。此时，玩家被锁定在牢不可破的失败和报复模式中。如果玩家 2 采取总是合作的策略（虽然不太可能），那么“针锋相对”也不会给玩家 1 带来最好的结果，即使玩家 1 食言（除了与圣人对战，这种情况只会在测试无法改变策略的计算机时出现）。如果在“针锋相对”和“总是合作”之间选择，那么玩家将会选择“总是合作”，结果是每人赢 30 英镑。对总是合作的人最有回报的策略就是总是食言，

因为在这里，不合作的玩家每次能得到 6 英镑，总共赢 36 英镑。

对手采取更具反应性的策略才是针锋相对的时候。在这里，在冒险之后，另一个玩家会意识到如果他们继续食言，那么他们将遭受损失；因此他将开始合作，这将得到“针锋相对”玩家的回报，产生的序列如表 5–4 所示。

表 5-4 如果玩家 1 食言然后合作的结果序列

单位：英镑

玩家 1		玩家 2	
违背约定	6	合作	0
违背约定	1	违背约定	1
合作	0	违背约定	6
合作	5	合作	5
合作	5	合作	5
合作	5	合作	5

玩家 1 反悔后，玩家 2“针锋相对”。假设玩家 1 意识到他有麻烦了，并准备连续两次合作来弥补，此时，重复博弈回到稳定状态。在前 4 次游戏中，结果与给予 / 接受振

荡相同；但是，在那之后，这种策略开始领先，所以当玩家进行到第 6 次游戏时，每个人都赢了 22 英镑，因为每个玩家从合作中获得的平均值是 5 英镑，而从合作和背叛之间的振荡中获得的平均值只有 3 英镑。

如果另一个玩家可能采取“总是合作”策略——除非有挑战，否则无法与“针锋相对”区分开来，那么可以说采取表 5-4 中的玩家 1 策略是值得的。在所示的例子中，玩家 2 在使用“针锋相对”策略。相反，如果他们总是合作，那么他们对第二次游戏的反应也会是合作——在这种情况下，玩家 1 应该暂时选择背叛。

非自然选择

现代人工智能系统改良玩游戏的方式是进化其策略。1980 年，当政治学家罗伯特·阿克塞尔罗德（Robert Axelrod）在计算机上运行对重复“囚徒困境”的不同策略的一些试验时，采取的一种方法是开发一种进化系统。他和他的团队在重复博弈的一场比赛中运行了一整套对弈策略，并观察他们如何得分。

然后，允许玩家竞争性选择这些策略，在随后的每场比赛中，特定策略出现的次数由该策略在前一场比赛中获得的分数决定。一些策略幸存了下来，一些策略消亡了。但是一些幸存策略的成功依赖于特定对手的存在，这意味着，幸存下来的策略就像掠食者，其中一些对其捕食的猎物很挑剔，而另一些则可以很好地对付一系列对手。

过了一段时间，这些剩余策略中的一些也消亡了，因为它们没有猎物了。在许多情况下，以牙还牙仍然是更好的方法。它唯一可能消亡的情况是在玩家高度集中且不断背叛的环境中。

事情此时变得有点复杂，这取决于竞赛的结构。游戏进行下去有三种可能的方式：玩家可以一直跟同一个对手比赛；玩家可以跟其他对手比赛，每次选择一个新玩家，但继续采用其策略；或者他们可以每次都选择新对手，跟踪其对那个玩家的策略。

在第一种玩法中，“针锋相对”和“总是背叛”中的较多者有可能占优势，因为如果“针锋相对”者再次“针锋相对”，那么结果总是优于“背叛”者；但是，如果玩家在第一场比赛中背信弃义，那么结果会稍差，因为背信弃义者将赢得第一场比赛，但此后他们都平局。类似地，在第二种玩法中，曾采取“背信弃义”策略的“针锋相对”玩家在那之后一直无法恢复，所以这取决于他们在与背信弃义的玩家比赛之前已经玩了多少场。

然而，在第三种玩法中，即使一小部分针锋相对的玩家也会逐渐接管，因为他们与另一个针锋相对的玩家的每一轮比赛都会给他们高分（这主要是因为他们对另一个玩家的“信任”得以保留）。一个总是食言的玩家只会得到一次信任，所以只会从每个以牙还牙的玩家那里获得一个大的分数，但是一个以牙还牙的玩家每次玩另一个以牙还牙的时候，都会受益。

从结尾开始

针锋相对的成功表明，这是重复“囚徒困境”游戏中显而易见的玩法。对于一个无止境的游戏（或者我们不知道结局的一个游戏，比如一生），该玩法通常是适用的。然而，如果玩家确实知道游戏要运行多长时间，那么这个策略似乎会打折扣。

假设在重复的“囚徒困境”中，结果跟前述的结果表一样，但是玩家知道游戏次数就是十次。最后一次游戏将成为特例，因为此时玩家没有机会针锋相对地回应对方的行为。因此，将食言作为最后的选择很有诱惑力。但是看看这样做会如何。如果最后一个选择已经确定，那么倒数第二个选择就是一个特殊的选择。因此，在第九次游戏中，理性的玩家应该背叛，并最大限度地提高自己的回报。

这种极端的“逆向归纳”机制表明玩家每次都应该食言，这让我们回到了只玩一次的“囚徒困境”的旧模式。幸运的是，对于理性玩家来说，他们还有另一种思路：

如果两个玩家都意识到他们会以这种方式推理，那么结果就会反过来。双方都应该在最后一次游戏中选择合作，以避免“非帕累托有效”的结果——这将在游戏中产生涟漪效应。然而，这样的推理并不妨碍每个玩家认为：如果他的对手采用了这种推理，那么他无论如何都应该在最后一场比赛中背叛，因为这样他会赢得最多。这就可能出现“如果我认为您认为我认为您认为……”这种不可避免的循环逻辑。

当然，在实践中，玩家也可能会认为，由于陷入背叛情景的风险很大，因此除可能在最后一轮冒险背叛之外，行事合乎逻辑的玩家实际上每次都会合作。

讽刺

作为重复博弈的一种现实情景是价格战。时不时地，某商品市场中有几个主导供应商，在顾客并不真正关心他们买的是哪个品牌时，价格会突然暴跌。但是这里发生的不仅仅是简单的压低价格。让我们以汽油定价为例。

实际上，加油站的价格是重复的“囚徒困境”博弈。在这里，相当于背叛的是把您的价格降到低于竞争对手的出价，而合作则是保持大致相同的价格。当一个商家的价格明显低于竞争对手时，随着消息的传播，该商家的销售额就会猛增。如果竞争对手也背叛（这是经济上合理的做法），那么燃油价格将经历一系列下跌，直到再次稳定下来。

降价行为原本应该止步于定价略高于向加油站经营者提供燃料的成本。然而，在实践中，降价行为会更进一步，特别是在最便宜的汽油能在超市里找到的情况下。

不过，在大多数时候，同等商店的价格非常相似（比如说，高速公路上的加油站和超市之间总是有显著价格差异，但不同燃油供应商的网点通常价格相似）。人们可能会认为这是非法价格操纵以及串通的结果，但串通并不必要。因为这些公司意识到保持合理利润的唯一方法就是设定跟竞争对手相似的价格，所以倾向于观察竞争对手并采取相似的定价策略。

这是重复的“囚徒困境”场景——玩家们都看到了合作的整体优势和“针锋相对”的危险，所以不需要沟通就（通常）会选择合作。

⟶ 我看了你的，你才能看我的 ⟵

到目前为止，我们主要关注的是玩家在做出决定之前不知道对方选择了什么的游戏。在单次博弈中，这可能导致令人不快的一些理性选择；但在重复博弈中，一轮中的行为可能在下一轮中受到奖励或惩罚。然而，在许多实际的游戏中，重复的信息不是来自重复的同时游戏，而是来自玩家的轮流游戏。在这里，游戏呈现出一种新结构。

我们仍然以“性别之战”为例，结果如表 5-5 所示。

表 5-5 “性别之战”游戏的结果

玩家 1 ↓ | 玩家 2 →	看电影	吃饭
看电影	2 3	0 0
吃饭	0 0	3 2

为了让这个游戏运行，我们需要想出一个不可能的场景——两个玩家不能沟通，也不知道另一个玩家会做什么。但是如果这个游戏更像是棋盘游戏，玩家公开轮流玩，那么会怎么样呢？例如，玩家 1 可以先下班，去电影院，然后将她的位置消息发送给玩家 2。此时决策树可能仍然有用，但在这个特定例子中，不涉及概率，如图 5-1 所示。

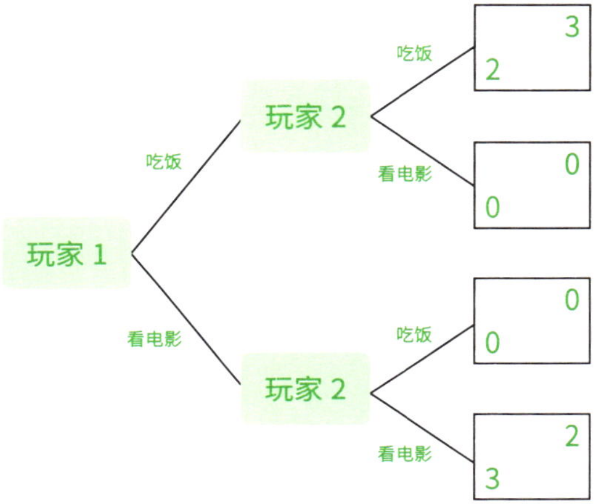

图 5-1 “性别之战”游戏决策树

与同时博弈不同，玩家 1 首先做出决定，她选择了看电影。因为那些决策永远不会发生，现在我们可以删除决策树中涉及玩家 1 吃饭决策的部分。所以，玩家 2 就“子博弈”得到更简单的决策树，如图 5-2 所示。

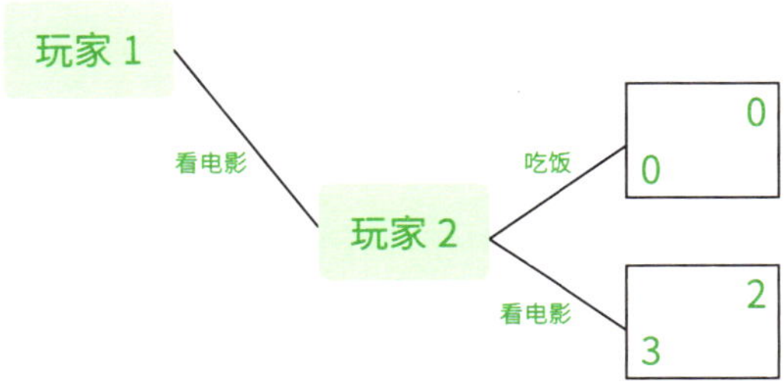

图 5-2 “性别之战”游戏的修剪后决策树

现在只有一个决定要做——玩家 2 可以选择吃饭或者看电影。这里有一个占优势的解决方案，就是看电影。如果玩家 2 理性行事，那么这对情侣最终会一起出现在电影院。在这个游戏中，先做决定对玩家 1 来说是个很大的优势——这是经常发生的情况，尽管我们完全可能将游戏设计成先做决定是劣势。

→ 回归疯狂 ←

到目前为止，我们一直把核战争博弈视为同时进行的游戏，因为两国都可以选择先发制人的打击，但把这个问题视为序贯博弈也行。在我们研究“相互保证毁灭”的细节之前，我们再花一点时间考虑一下上面的电影院 / 餐馆决定。

如果玩家 2 在游戏开始前说：“无论怎样，我都要去吃饭。要不要加入由你决定。”那么会怎样？然后，玩家 1 需要判断这是威胁，还是只是故作姿态。从逻辑上讲，在这种情况下威胁是不可信的——因为根据博弈的结果，玩家

2 宁愿跟玩家 1 一起去看电影（奖励 2）也不愿自己去吃饭（奖励 0）。因此，如果玩家 2 表现理性，那么他会不顾威胁去看电影。

个人可能会为了固执己见，采取导致非最佳结果的行动来保全面子或维持权力关系。孩子们有时会因为缺乏逻辑思维能力而坚持错误的选择；成年人也可能以自我伤害的方式固执己见，但有时像保全面子这样的要求真的更重要——如果这是在持续的一系列博弈中保持地位所必需的。例如，任何父母都熟悉的博弈——强制威胁。

假设父母希望孩子采取特定行动或者停止做某事，比如，我可能会让我的女儿打扫自己的卧室。这就是一个序贯博弈。她回答说："我以后会做的。"但是我很清楚，这意味着她永远不会做。所以我回应道："不，现在就做"，结果我得到的回应是直截了当的"不！"。我很生气，所以在当时的压力下，我发出了一个明显不可信的威胁：我告诉我女儿，如果她不打扫卧室，那我就不让她明天去参加她朋友的生日聚会。

这应该是一个不可信的威胁，因为我知道如果我阻止她去，那么我会因为她错过了而难过（这位朋友因为举办一年中最棒的生日聚会而闻名），不仅如此，我们还会得到朋友父母的负面回应，因为他们正期待着我们的女儿去。不过，如果我让步，那么将来我的威胁不会得到认真对待。即使现在看我们当时玩的这个游戏的结果时，我也不应该这样威胁，因为这对我和我的女儿来说是双输；但一旦发出威胁，博弈就开始了。

可怕的是，这种明显琐碎的家庭惩罚游戏与核战争场景和“确保相互毁灭”具有直接相似之处。“相互保证毁灭”策略只有在大规模报复是可信的威胁时才有效。在2019年英国大选前夕，时任工党领袖的杰里米·科尔宾（Jeremy Corbyn）表示，他永远不会按下核按钮。这意味着如果科尔宾赢得选举，那么英国的核威慑将成为不可信的威胁。然后，如果潜在攻击者认为对英国实施核攻击优于不实施核攻击，那么实施核攻击就是合乎逻辑的了。

当然，我们不可能知道有哪个国家会采取进攻性核策略。例如，敌国可能在道德上反对实施核攻击，这意味着核攻击不是它的首选策略。然而，我们无论从哪个角度都很难看出让英国的威胁不可信是一件有益的事；如果科尔宾当选，他可能会做一些重建威胁可信度的尝试，这也许是完善授权核打击的机制。

—→ 博弈论圣经 ←—

历史上有一些冗长的科学和数学书籍可以看作科学进步过程中的里程碑。通常，知道它们的人数远高于它们的读者数（部分原因是它们很难消化）。这类著作有罗吉尔·培根的《大著作》（*Opus Majus*）——对 13 世纪科学的卓越探索；艾萨克·牛顿的代表作《自然哲学的数学原理》，介绍他的运动和重力定律；阿尔弗雷德·诺尔司·怀特海和伯特兰·罗素的《数学原理》，向牛顿致敬，汇集数学的基础。博弈论也有其“圣经”——冯·诺伊曼和摩根斯特恩长达 600 多页的巨著《博弈论与经济行为》。

尽管这部著作的大部分内容由数学方程组成，但其中一些材料可让读者较好地了解发展博弈论的那些人的想法。摩根斯特恩是一位经济学家，这部著作的目的据称是将博弈论的力量应用于经济学；但实际上，它也包含纯博弈论的大量材料。此外,《博弈论与经济行为》从未受到经济学家欢迎，部分原因是这部著作明显批判数学在经济学领域的应用方式。

作者指出:“数学实际上已经应用于经济理论，甚至可能以夸大的方式被应用。在任何情况下，数学的应用都不是十分成功。”大多数科学家和数学家都会同意这一分析，但经济学家不太可能喜欢这本书。作者继续指出，大多数科学依赖于数学，并解释他们为什么感到经济学在与数学做斗争。“经常听到的说法是因为人的因素、心理因素等或者因为没有重要因素的测量，数学将找不到用武之地，这类说法都可以视为是完全错误的。”

冯·诺伊曼和摩根斯特恩继续令人信服地大加批判这些论点。他们指出：真正的问题是，经济问题往往无法清楚地被表述，而是用模糊的术语表述，而且数学工具很少在经济领域得到恰当运用。尽管现在数学在经济学中的重要性高于1953年写这本书时，但可以说后者仍然是正确的［参见大卫·奥瑞尔（David Orrell）的《经济和你想的不一样》（*Economyths*），该书后面的“进一步阅读”部分列出了经济学中对数学的一些误用]。

然而，冯·诺伊曼和摩根斯特恩在一个方面是错误的：尽管博弈论在更好地理解决策过程方面的巨大价值已经得到证明，但它仍未提供数学机制来帮助经济学成为更合情合理的科学。从理解决策和人类思维过程的心理学和实践角度来看，博弈论极其有用；但在大多数情况下，它不是实用的经济工具。

⟶ 纽康把它混合起来 ⟵

一个场景特别强调博弈论在不提供决策工具的情况下理解过程的方式，它就是决策结构的对立观点产生冲突结果的情况。这类问题的最著名例子由美国物理学家威廉·纽康（William Newcomb）于 1960 年设计，涉及的游戏很像电视游戏节目的一部分。

就像《一掷千金》（*Deal or No Deal*）节目一样，在这个游戏中，选手需要在不知道盒子里有多少钱的情况下，在装有不同金额的钱的盒子中做出选择。不过，这里只有两个盒子。选手只知道第一个装有 1000 英镑，第二个要么里面有 100 万英镑，要么什么都没有。选手可以选择打开两个盒子，或者只打开第二个盒子，然后赢得她打开的盒子里的任何东西。

这看起来似乎是个很容易的选择，因为似乎不可避免的是，打开两个盒子将使价值最大化，不过这款游戏有一处奇怪的调整。游戏节目背后的团队会根据对选手的深入研究来决定第二个盒子里应该放什么。他们掌握选手的各种信息——从她的医疗和教育记录到对她的密友和家人的采访。根据这些研究，团队做出选择。如果他们认为玩家只会选择第二个盒子，那么他们就放 100 万英镑进去。如果他们认为玩家会选择两个盒子，那么他们在第二个盒子里什么也不放。

为了帮助玩家做出选择，演播室后面的记分牌会记录团队在长时间的表演中猜对了多少次、猜错了多少次。当您有幸被选中上场的时候，游戏已经玩过 1000 次了，团队只猜错过一次。这意味着团队在 99.9% 的情况下猜对了选手会做什么。

您会选择打开第二个盒子，还是两个都打开？

这款游戏的迷人之处在于，大多数潜在玩家知道他们会怎么做——但决定大致是 50 ： 50。我们有两种方法来分析结果：一种支持打开第二个盒子，另一种支持打开两个盒子。

第一种策略基于预期回报。假设团队继续发挥出过去 1000 次游戏中的水平，只打开第二个盒子中获得的预期回报是 1000000 × 0.999+0 × 0.001=999000 英镑。打开两个盒子的预期收益是 1000 英镑 × 0.999+1001000 × 0.001=1999.10 英镑。这是支持只选择第二个盒子的有力论据。

但是让我们以另一种方式来看这款游戏，如表 5-6 所示。

表 5-6 纽康游戏结合玩家选择和团队预测的结果

单位：英镑

玩家 ↓ | 团队 →	两个盒子	第二个盒子	行极小值
两个盒子	1000	1001000	1000
第二个盒子	0	1000000	0
列极大值	1000	1001000	

如果我们考虑单次游戏，那么有鞍点，告诉我们理性策略是玩家选择两个盒子。无论团队选择了哪种策略，玩家选择“两个盒子”都将会获得1000英镑——这是占优策略。这让人想起了“囚徒困境”，我们有明确的策略，即便采取信任团队能够正确预测玩家的选择的替代策略可能会优化结果。

这里没有“正确答案”。于是我们又不得不依赖于效用。如果1000英镑对于玩家来说非常重要，玩家不能失去它，那么她应该选择鞍点最大最小解，打开两个盒子，因为那1000英镑是有保证的。但是，如果玩家没赢得1000英镑对她没什么影响，那么她最好按照预期回报，选择打开第二个盒子——赢得100万英镑的机会很大。

背景很重要

纽康游戏可能会让人觉得不自然，但是有一种公认的心理效应会影响纽康游戏玩家的决策。那种心理效应就是一笔钱所处的背景会影响我们认为这笔钱有多重要。当把一个金额放在一个大得多的数字背景下时，我们可能会对它的效用失去概念。

纽康游戏中的保证金额 1000 英镑对大多数人来说是一个不小的数字。例如，我们大多数人会因为丢了装有 1000 英镑的钱包而悲痛。类似地，如果有可能从某供应商那里花 2000 英镑购买假期服务，或者花 1000 英镑从另一供应商那里多花一点力气从而获得花 2000 英镑能购买服务的机会，那么大多数人会认为麻烦一点儿省 1000 英镑是值得的。

然而，在购买一套价值 30 万英镑的房子时，大多数人会认为 1000 英镑的差价微不足道，不值得花太多精力。得失金额完全一样，效用也完全一样。但因为这种心理语境效应，价值似乎就少了。从博弈论的角度来看，我们应该始终小心地孤立地考量金额的效用。

——→ 您知道他们知道什么吗？ ←——

在现实世界中，我们很少像游戏节目中的玩家那样有完美的信息。在节目单上，规则写得很清楚。但生活不一样，我们不一定知道生活“游戏”的规则，我们不一定知道其他玩家的策略是什么，我们也不一定清楚采用特定策略的结果。一些游戏偏向性特别高，因为一个玩家有另一个玩家没有的信息（所谓的不对称信息），而在另一些游戏中，这些信息可能没有任何人知道。玩家甚至可能会被故意灌输不正确的信息。

通常，在商业交易中，信息也是不对称的。例如，在二手车交易中，卖方对车辆的了解显著多于买方。在这种情况下，买方可能会明智地准备付钱请有专长的人来检查汽车的状况，或者支付额外费用从信誉好、出现任何问题时都会解决的经销商那里购买二手车。买方支付额外费用的目的是增加其可以获得的信息以平衡游戏——尽管买方可能没有意识到这一点。

同样，这种不对称也是产品销售者需要克服的。缺乏信息会导致买方不愿意购买不熟悉的产品，因此销售者会难以将新产品推向市场。卖方给买方信息是不够的，因为可能有偏向性的数据不容易得到信任。相反，销售者最好运用一些机制来提供可接受的信息，包括免费样品和来自可信专家或已知来源的评论。近年来，由于互联网的发展，来自其他客户的大量评论和评分也成为为买方提供信息的一种机制，尽管在某些情况下，这种方法可能得不到买方的信任，因为卖方会使用欺骗系统的方法以加载对他们有利的评论。

腥牙血爪游戏

博弈论最初旨在探索人类行为的本质，但我们也能将其扩展到其他物种。从 20 世纪 80 年代起，人们开始将博弈论应用于更广泛的领域，尤其是行为的进化。

我们对生物学理解的核心是自然选择或“适者生存”理论。应该强调的是，这并不意味着以“最佳”的绝对标准来衡量“适者生存”。相反，在特定环境的特定时间，最适合生存的物种或变异体更有可能长寿到足以繁殖并将其基因传递给后代，因此该物种或变异体能得到一时的兴旺发展。鉴于博弈论的理性结果往往与合作背道而驰，而且自然选择理念似乎也与合作背道而驰，自然总是追求快速回报似乎是不可避免的。通常如此，但不总是如此。

举例来说，如果捕食者能从合作中获益，那么一些捕食者会允许潜在的猎物靠近它们而不攻击它们。例如，吃壁虱和食肉动物身上其他寄生虫的鸟有时甚至会溜进食肉动物的嘴里取出“不速之客”。虽然鸟和食肉动物都可能从合作中受益，但纯粹的博弈论方法却认为：捕食者应该违背不成文的协议，趁机吃掉鸟。

我们不能辩称：在捕食者的例子中，这可能是因为动物充分考虑了其行动的长期后果，明白这样的策略将不可避免地失去合作的好处。毕竟，做这种考虑似乎超出了大多数物种的能力。那么，这是怎么回事？一种可能的解答是，人类可能采用的推理方式与习得行为之间存在差异，而大多数动物与人类之间存在这种差异。

虽然我们没有多少证据能够表明非人类动物会考虑长期未来，但即使是大脑非常有限的那些动物也完全有可能知道某行为会给它们带来好处，并随后重复这种行为。研究者已经做了很多工作来证明这一点，例如鸽子实验（鸽子并不是最聪明的鸟）。养过金鱼的任何人都知道：在固定的时间从同一个地方给鱼喂食后，鱼会在第二天相同的时间再去那个地方。[1]

习得行为无法展现物种的逻辑能力，而只能体现大脑在自我组织系统的方式，加强经常使用的神经元之间的联系。如果某特定反应有积极的结果，那么这种反应很可能会重复——如果这种情况继续下去，那么做出这种反应的概率会提高。当然，在任何特定的猎物–捕食者合作关系中，吃掉猎物会导致合作结束。但是，如果猎物在互动中幸存下来，并且情况对双方而言都顺利，那么随着时间的推移，这种关系完全有可能建立起来。

虽然这种行为本身不会遗传给动物的后代，但在这种情况下在基因上更倾向于采取合作姿态的捕食者和猎物更有可能繁殖并传递这种基因倾向，而捕食者物种的后代可能会在对合作的猎物造成太大威胁之前学会这种行为。同样，物种内部也经常有合作，这种平衡比捕食者 – 猎物的情况下更加平等。一些分析表明，这种合作的基础类似于

[1] 金鱼的习得行为显然可以推翻它们只有“七秒记忆”这一谬论。

重复“囚徒困境”中的“针锋相对”策略——考虑到该策略在计算机模拟中的进化生存，这也许并不奇怪。

当然，合作行为在人类和任何其他动物中都真实存在，但是有许多活动是人类互动中特有的，其中之一已经在现代博弈论的应用中脱颖而出。

第 6 章
去一次，去两次
CHAPTER 6

→争取胜利←

博弈论的最重要单项实际应用可以说是在专业拍卖的设计中。正如我们在第 1 章中看到的那样，这些做法在移动电话的带宽分配中得到高效应用。

第一种方式是传统拍卖，这是非常简单的游戏。最常见的拍卖方式是正向拍卖或英式拍卖：只为被拍卖的物品设定最低价格（起拍价）；只要有人出价至少达到这个价格，出价最高的人就会以出价的金额购买该物品。除为出价设定上限并坚持之外，几乎没有什么策略选择。

第二种是在线拍卖，比如易贝略微调整了传统拍卖模式，根据第二高的出价金额来决定拍得金额。在这种模式下，出价人预先设置其出价上限，系统根据其他出价人的出价金额向这些出价上限推进。如果对某物品的第二最高出价是 50 英镑，而您在出价 70 英镑后拍得该物品，那么在这样的系统中，您需要支付的不是 70 英镑，而是 50 英镑或 50 英镑加一个小增额，关键是您准备支付的金额高于第二高的出价，所以应该拍得。

第三种常见的拍卖模式是荷兰式拍卖。在这种模式下，售价从高值开始，逐渐下降。当潜在买方觉得自己愿意支付拍卖价格跌至的金额时，其会出价并立即胜出。

与我们经常遇到的双人游戏不同，拍卖是在拍卖人代表的卖方和若干买方之间进行的游戏。买方可以使用的强有力策略是合作。因此，举例来说，买方可以在他们之间讨论各自想要的物品，约定不就这些物品相互竞价，从而将支付的价格降至最低。这种“围标”在大多数国家是非法的，但是很难证明买方在使用这种策略，而且这种方法已经广泛使用。

博弈论还与买方之间不涉及欺骗的互动有关。例如，荷兰式拍卖是“懦夫博弈”的颠倒版；“懦夫博弈”在前文中已经介绍过，它通常被描述为两辆车在马路中间相向行驶。每个玩家都问对方有没有胆量再向前开，但最终有人会让步。在“懦夫博弈”中，坚持时间最长的人获胜。与“懦夫博弈”颠倒的是，在荷兰式拍卖中，最先让步的人是赢家（但他们越早“转向”，付出的代价就越高）。这意味着就像在其他游戏中一样，如果某玩家能够了解另一个玩家的策略，那么该玩家就更便于从自己的角度优化结果。

博弈论被人们应用于拍卖设计的目的不是方便买方，而是促使买方为其购买支付更多金额。有些人可能会认为这是资本主义的不道德的例证；但是，因为出售移动电话带宽由电信运营商承担成本为政府带来了现金，所以有些人认为这是一件好事，尽管这些公司很可能会将成本转嫁给客户。

知识范围

拍卖之所以是如此强大的游戏，是因为拍卖提供一种机制，让玩家可以看到决策的经济结构。在拍卖的过程中，其他玩家出价的方式透露他们对被拍卖物品的估价。20 世纪 60 年代，经济学家威廉·维克瑞（William Vickrey）倡导运用博弈论从拍卖中获取最大利益，他设计的拍卖方式（毫无想象力地称为“维克瑞式拍卖”）影响了易贝的设计。

正如我们所见，易贝根据第二高的出价将物品授予出价最高的人，维克瑞式拍卖也是这样做的，但它将这种方法应用于出价密封式拍卖。顾名思义，这种拍卖方式是指将出价密封在信封中，直到拍卖结束才打开。在传统的出价密封式拍卖中，出价最高者必须足额支付信封里的出价。这可能导致人们的出价变得保守，因为出价人知道如果竞价成功，那么他将不得不支付那么多价款。从卖方的角度来看，出价保守是不好的。所以，通过确保竞得人支付的价款不高于第二高的出价，维克瑞的系统鼓励出价人出在其承受范围内的最高价。该机制从出价人那里获取额外的信息，即使该信息只有拍卖系统知道。

直到 1994 年，拍卖的博弈论方法才真正开始给卖方带来好处。当时，美国联邦通信委员会首次邀请博弈论者参与电信频率拍卖的设计。拍卖的设计变得如此重要，以至于人们有时将拍卖理论视为一个数学类别，尽管实际上它只是博弈论的一个子集。

构思得当的这种无线电波带宽拍卖为相关政府带来了巨额收入。据报道，第一次拍卖为美国政府筹集了 200 亿美元，而 2000 年英国政府的 3G 手机牌照拍卖筹集了惊人的 225 亿英镑（350 亿美元）。这些拍卖背后的机制在理论上相对简单，但运行起来很复杂。不过，如果设计得好，这些拍卖对电信运营商就将是极具挑战性的游戏，因此其不得不为牌照支付公允的价格。

概括地说，这些拍卖大多基于一种称为“同步多轮拍卖”（或“同步升序拍卖”）的方法。正如我们在第 1 章的例子中所见，这些拍卖通常需要对同时成组拍卖的不同牌照的多轮密封式出价。在每一轮结束时，拍卖者会公布出价，并计算出下一轮的最低出价——通常是上一轮的胜出价再加 5% 至 10%。如果在一轮中没有新的出价，则拍卖结束，牌照被授予前一轮的获胜者。

然而，没有一种机制是完美的——许多拍卖的结果可以委婉地称为“次优结果”。

接手出价

如果规则设计不佳，则拍卖失败的可能性显而易见，因为在不同国家出售相同频段的金额分摊到每个潜在手机用户的金额差异巨大。例如，欧洲国家在2000年出售3G牌照时，英国和德国都做得非常好，为每人筹集了超过600欧元。相比之下，澳大利亚、荷兰和瑞士的人均筹集金额不到这个数字的$\frac{1}{3}$，瑞士的人均筹集金额只有可怜的20欧元。

为什么会出现这种情况呢？正如我们已经看到的，采用拍卖模式的最大威胁是竞拍人串通。如果竞拍人在博弈之前相互沟通，并且除一个人之外，其他人都同意保留某个特定的拍品，那么该拍品就可以以卖方设定的最低价格竞得，拍卖也就无法完成确定该拍品市场价值的任务。因此，如果发现串通，那么无线电波带宽拍卖等高额拍卖将会做出惩罚，但这无法阻止潜在买方寻找无须串通就能分享信息的博弈方式。

通常，在无线电波带宽拍卖中，多个拍品同时开放，因此电信公司可以同时就众多拍品中的一个或多个竞价。据我们所知，在没有任何事先串通的情况下，竞拍人已经设法在早期阶段使用其出价的金额向其他竞拍人发出信号。

有时，拍卖设计者无意中给竞拍人提供了实现这种沟通的工具。例如，在 1999 年德国的一次拍卖中，在每一轮中，竞拍人都必须比先前的最高出价高出至少 10%。这样做是为了避免拍卖时间过长，否则竞拍人很可能会在前一轮的基础上小幅提高出价。在第一轮中，一家名为“曼内斯曼”（Mannesman）的公司对一段无线电波带宽出价 1818 万德国马克，对另一段出价 2000 万德国马克。这个奇怪的具体数字 1818 万似乎是为了吸引其唯一的主要竞争对手 T-Mobile 的注意力。如果把 1818 万加上 10%，那么结果是 1999.8 万，几乎实际上是 2000 万。因此，曼内斯曼公司似乎在暗示 T-Mobile 在下一轮以 2000 万击败曼内斯曼公司的 1818 万出价，这样两家公司就能够以同样相对较低的价格获得它们想要的无线电波带宽。

这是串通吗？曼内斯曼公司可以辩称，两家公司之间没有任何讨论；但是，毫无疑问，关于意图的信息是从一家传递到另一家的。我们很难想象在不改变拍卖设计的情况下，拍卖主持人如何能避免这种策略。这种间接的勾结机制有效地使用了“胡萝卜”——一家公司为另一家公司提供在下一轮做得同样好的机会。

在 20 世纪 90 年代的美国无线电波带宽拍卖中也出现了勾结行为。当时两家公司——美国西部公司（US West Inc）和麦克劳德（McLeod）正在竞拍部分州牌照（在美国，无线电波带宽牌照往往覆盖该国相对较小的地区，而不是通常在欧洲出售的全国性牌照）。每家公司似乎都决心获得明尼苏达州的牌照（拍品批号为 378），从而推高了出价。但随后美国西部公司拍得了艾奥瓦州的两张牌照；在此之前，麦克劳德公司看起来很有可能在没有多少对抗的情况下获得该牌照。

在拍卖中，美国西部公司不仅就艾奥瓦州的牌照出价高于麦克劳德公司，而且分别以 62378 美元和 313378 美元的独特价格胜出。拍卖会上的大部分出价是 1000 的整数倍，所以这些数字很突出，引起了人们对数字“378”的注意。麦克劳德公司得到了暗示，停止对 378 号拍品的竞标；

之后，美国西部公司自如地获得艾奥瓦州的牌照。只是金额看起来奇怪的出价可能就足够了，但美国西部公司使用“378”结尾是一个特别明确的信号。在这种情况下，当局本可以注意到竞拍者之间明确的勾结邀请，但出于某种原因，当局没有。

在这两个例子中竞拍人都使用奇怪的数字来传达消息，拍卖设计者为了杜绝这种情况，现在经常调整拍卖策略：要求出价在相对较高的水平上四舍五入，因此使用出价传达消息的代价会变大（在艾奥瓦州牌照竞拍的情况下，如果出价限制在 1000 美元的整数倍，那么美国西部公司可能不得不出价 37.8 万美元）。第二项变动是匿名竞拍。出价仍然会在每一轮结束时公布，但玩家不会得知具体是谁出价，而这会削弱竞拍者之间的沟通。

我们在第 1 章中提到过的拍卖专家罗伯特·李斯表示：“我们在无线电波带宽拍卖上投入了相当多的努力以避免串通。通常有两种方式。第一，参加竞拍者需要经过严格的申请和审查流程。第二，如果发现有任何串通或勾结，那么竞拍人将受到非常严厉的处罚，通常包括从拍卖中除名。”不过，在实践中，当局有时不愿意严格监管无线电波带宽拍卖。

主宰一切

拍卖失败大多是因为游戏规则没有经过精心设计。拍卖就是游戏，这一点很重要。如果没有明确制定和分享游戏规则，那么结果就是模糊和冲突。当然有时候也会出现规则很好，但没有得到妥善使用的情况。因此，许多拍卖结构都有起拍价——如要出售则必须达到的最低价格。如果起拍价定得太低，那么其结果可能是收益非常低。如果起拍价定得太高而没有出价能够达到，那么卖方最终会颜面扫地。

同样，同时拍卖多个拍品的大规模拍卖需要针对违约制定强有力的规则。在过去的一些电信拍卖中，与牌照价格相比，竞拍成功后改变主意的公司受到的处罚非常小。结果，最擅长利用拍卖系统的公司出价竞拍的拍品多于其实际上想要的拍品，然后他们会选择精华的，丢弃其余的。

拍卖设计者完全有可能就违约处以足够高的罚金来防止这种情况，拍卖设计者需要设计滴水不漏的规则。

对行为不端的竞拍人的处罚也必须经过小心权衡。在 2000 年荷兰的 3G 拍卖中，当一个竞拍人对另一个竞拍人发动虚假的法律攻击时，拍卖价格急剧下降。运营商 Telefort 威胁要将另一个运营商 Versatel 告上法庭，它指控该公司哄抬几个牌照的价格却无意实际获得牌照——据说 Versatel 试图通过迫使竞争对手支付过高的价格来损害其竞争对手。这个主张没有证据支持，不过政府没有采取任何措施来反驳，结果，Versatel 退出了拍卖。

少了一个玩家之后，还剩六家公司在争夺六个牌照；这意味着没有足够的竞争来达成不错的价格，这导致荷兰政府获得的收入低于预期。拍品的数量跟竞拍人的数量相同会限制竞争，因为新进入者不太可能试图参与，所以在精心设计的拍卖中，牌照数量通常会比市场上现有的公司多至少一个，而且每个公司只能获得一张牌照。

密封事实

虽然最常见的拍卖模式是出价在拍卖过程中公布，但正如我们已看到的那样，还有基于密封出价的替代方法。简单的出价密封式方法的最大问题是它切断了使拍卖如此有效的信息共享；不过，维克瑞式拍卖缓解了这个问题。当然，出价密封式拍卖也很有吸引力，往往比传统拍卖吸引更多的参与者，因为潜在的买方认为：提交相对较低的出价没有什么坏处，而且可能会成功。

由于博弈论而出现了一种混合方法，这种方法有时被称为“盎格鲁-荷兰式”方法：采用传统的升序拍卖，直到剩下两个竞拍人，然后邀请它们以维克瑞出价密封模式竞拍。这种做法的好处是，竞拍人已经有了关于拍品估价的一些信息，因此可以在最终的出价中设定更明智的价格。这种做法还旨在防止阔绰的参与者通过反复出价高于竞争对手来完全控制游戏——尽管在实践中，传统的出价密封式结局在这种情况下可能会更好。

尽管易贝没有采取明确的出价密封式拍卖，但其结果往往让人感觉像是“盎格鲁–荷兰式”拍卖，因为竞争激烈的拍品会在拍卖的最后几秒得到许多出价。这就像密封出价，因为没有时间让其他竞拍人响应。

罗伯特·李斯指出信息对拍卖过程的重要性：“设计拍卖时要做的决定之一是信息政策。随着拍卖的进行，参与者获得了什么信息？您有时可以看到参与者暗中获得了信息。如果您参加一场拍卖会，那么随着拍卖人提高要价，您可以看到不同价位有多少需求的一些迹象。就无线电波带宽而言，这种迹象往往能够传递出不同价位的总需求。”

这就是这些更深奥的拍卖类型不同于我们熟悉的拍卖（拍卖人只是寻找新的出价）的原因之一。在无线电波带宽拍卖中，通常会有多个拍品出售，这更像是让拍卖人问“谁会出价 100 英镑？”，然后拍卖人会告诉全屋人，“有 10 个人愿意出 100 英镑，那么谁会愿意出 200 英镑呢？”

李斯指出，深奥性提高还导致复杂性提高：“当出售的物品之间存在协同效应时——就像无线电波带宽牌照那样，拍卖设计会变得更加复杂。通常，特定的运营商会希望在某地区获得足够多的无线电波带宽，或者可能在一组相邻的区域获得足够多的无线电波带宽，以扩大其网络覆盖面。那么，一组牌照的价值就不一定等于单个牌照价值的总和了。这意味着对竞拍人来说，了解不同拍品的总需求变得更加重要。因为这样他们就能了解到其他参与者的需求模式，并据此调整自己的出价。他们可以在不知道单个竞拍人身份的情况下做到这一点。但人们通常认为，披露总需求数据有助于竞拍人发现其最佳竞拍策略。”

与玩家博弈

一旦博弈论被用于拍卖设计，人们就会开始思考：竞拍人是否也会用博弈论来操纵拍卖的结果。我们已经看到了隐藏额外信息的竞拍中的博弈，例如美国西部公司出价为 62378 美元和 313378 美元。但这不是唯一的机会。凭借对博弈论的深刻理解，优秀的拍卖设计师会寻找机会限制竞拍人利用策略获得优势的能力。

有时候，问题不在于玩家如何策略性地使用系统来发送信息，而在于缺乏信息的真实性。比方说，当一所房屋被拍卖时，竞拍人通常会根据同一地区类似房屋的销售情况合理地估算房屋的价值。但无线电波带宽拍卖引入相当大的不确定性，因为它们通常会在当地引入一种新技术——在这种情况下，电信公司并不真正知道其客户有多看重该技术的使用。

在撰写本书时，移动网络 5G 的牌照正在出售，电信运营商不知道其客户可能愿意为额外的功能支付多少钱。5G 服务提供超高速连接，速度堪比光纤宽带，因此预测者可能预计 5G 会得到广泛采用。但是客户愿意支付的金额是有限度的——精明的消费者意识到，目前最高速度的 4G 网络仍然不是在所有地方都可用，而且质量可能非常不稳定；因此，运营商们完全有可能不准备就可能对十年内都无法完全实现的技术投入大量资金。由于所有移动电话运营商都存在不确定性，因此它们知道竞争对手认为新牌照价值几何的机会比以往更少。这意味着拍卖设计师必须为不知道自己应该采取什么策略的玩家构建一种游戏。

因为信息对博弈论如此重要，所以更优秀的玩家肯定会采用的一项策略是：超越拍卖揭示的信息，寻找可能会给竞拍人带来竞争优势的额外数据。例如，在一次房屋拍卖中，一个竞拍人可能比其他竞拍人更了解某条街上的其他居民以及他们的行为（这可能会提高或降低房屋的价值）。我们知道，拍卖系统之外的私人信息通常可以用来制订对玩家有利的策略，而这很可能发生在5G牌照等拍卖中。

邪恶游戏

我们已经看到拍卖中的玩家有很多机会使用策略来打破（或至少延伸）规则。博弈论研究的一个几乎不可避免的结果是：对故意破坏规则的游戏进行实验，在实验中，没有人应该理智地玩这些游戏。兰德公司数学家马丁·舒比克（Martin Shubik）在美元拍卖中设计出了这种游戏。这包括拍卖1美元钞票。这是标准的正向拍卖——出价最高者获胜，但有新奇的调整，即第二高的出价者也必须支付其出价，尽管其什么也没得到。

玩家很容易以（比如）1美分的出价开始这个过程。毕竟，谁不会用 1 美分换 1 美元呢？但另一个竞拍人几乎肯定会出价 2 美分。现在，第一个竞拍人需要支付 1 美分却什么也得不到。不难想象，除非这是一款两人游戏，否则其他人出价 3 美分或更多的可能性相当高，因此第一个竞拍人可能会坚持，因为一旦其他人出价，第一个竞拍人就摆脱了困境。但是如果没有其他人出价，那么第一个出价（比如）3 美分的玩家就非常受益，然后回到最高价。

这个加价过程一直持续到有人出价 99 美分。为什么会有人出价更高？因为第二高的出价者目前将花费 98 美分而一无所获。因此，98 美分的玩家可能会出价 1 美元。他们这样做只是为了不赔不赚。但是现在事情变得有悖常情了。如果 99 美分的竞拍人什么都不做，那么他或她将损失 99 美分。但是如果他出价 1.01 美元——比奖金的金额还高，那么他只会损失 1 美分。所以为了避免更大的损失，玩家有必要将超越奖金金额的活动继续下去。

原则上，整个事情可能会失去控制，出价会一直上升。但在实践中，大多数人会在某个时候决定止损。一旦他们看到事态，玩家很可能决定放弃这个过程，损失相对较小的金额，而不是继续抬高出价，所以出价基本不会变得很高，因为决定跟进的玩家越来越少。不过，当这种游戏真正玩起来时，玩家为1美元的钞票支付大约5美元少1美分，却一无所获的情况却并不罕见。

美元拍卖为一些现实世界的情况（特别是没有排队时间指示的队列）提供了一个有效的模型。虽然现在一些电话排队系统会将您在队列中的位置告诉您，以便您了解前进速度和还有多长时间轮到您，但许多电话排队系统并没有这样做。在这种情况下，排队者就像美元拍卖玩家。如果排队时间太长，那么在某个时候，大多数人会放弃，为其花在排队上的时间“买单”，而没有得到回报。

一些主题公园的队列会故意隐藏可能让排队者决定何时止损的信息，迷宫般的结构可以隐藏队伍的真正长度。所以，美元拍卖队列在现实生活中可能无处不在。想象一下你在等公交车。您在站点等了多久才放弃，白白浪费时间？在从火车站到我家的公交路线上，我有时会玩这种游戏的变体。如果我沿着公交车路线走15分钟，那么我能以便宜不少的费用坐上同样的公交车。但如果我这样做，那么我可能会错过一辆公交车，不得不等更长时间。这曾经是一个高风险的策略，但鉴于现在我们可以在互联网上跟踪公交车，这成了有利可图的游戏。

玩家也可以讨论美元拍卖的两人版本。在这种情况下，它变成了最后通牒游戏的变体。我可能会对对手说：让我以 1 美分的出价赢吧。我会给您 49 美分。我们都获得了相同的利润，这个策略没有风险，除了我可能会食言。互相信任的玩家可以从这个策略中获益最多。另一方面，如果我出价 1 美分，只给另一个玩家 5 美分，让他退出游戏，那么另一个玩家的反应很可能会跟对最后通牒游戏中的低出价做出的反应一样——出价高于我，以此来惩罚这个没有诚意的提议。如果我善于运用博弈论，那么我可能会要求他们支付 40 美分，让他们不再出价，这样他们就会觉得实施报复是正当的，但我们双方仍然都受益。

大脑在玩游戏吗？

在拍卖的技术领域之外，博弈论可能看起来像抽象的数学，远离现实世界，因为它假设玩家是理性的并会在获得可用数据的情况下做出最佳选择——这似乎与人类行动的实际情况相差甚远。不过，有证据表明，在神经元相互作用的层面上，大脑运作方式的某些方面体现了博弈论背后的逻辑处理。[1]

在正常生活中，大多数人在做决定时不会坐下来计算结果矩阵，因为计算结果的过程会让大脑感到疲惫。但这并不意味着没有这种心理过程在进行。我们尤其可以从大脑运用贝叶斯定理的方式中看到这一点。贝叶斯定理在概率上是个强有力、看起来似乎违反直觉的工具，但它在方法上类似于神经元网络的交互方式。

贝叶斯定理是一种将我们已经知道的概率转化为我们实际想知道的概率的机制。鉴于这本书是在新冠感染疫情时期撰写的，时效性特别强的一个例子是医学检测的有效性。在撰写本书时，有两种主要检测类型。聚合酶链式反

[1] 神经元是高等动物神经系统的结构和功能单位，通过细胞连接的方式有效地计算，并在其接收的信息达到特定触发水平时传递信号。——译者注

应（PCR）检测是目前最好的检测方法，但是价格昂贵，需要几天时间来处理。替代的横向流动检测可以在一个小时内完成，而且便宜得多，但是可靠性低一些。

所有检测都有概率参与其中。您患病但检测结果说您没患病（假阴性）的概率，以及您没患病但检测结果说您患病（假阳性）的概率。检测避免假阴性的能力称为其“灵敏性”，而避免假阳性的能力称为其“特异性”。由于横向流动检测是两种检测中可靠性较低的那种，因此当使用其中一种检测方法时，掌握结果是否真实的概率就显得尤为重要。

在最近的一项研究中，当由专业实验室操作时，目前最好的横向流动检测具有 99.68% 的特异性和 76.8% 的灵敏性；当由检测和跟踪服务人员执行时，灵敏性下降到 57.5%。对于本例子的其余部分，我们将使用较低的灵敏性数字。特异性告诉我们：在未感染新冠的情况下得到阳性结果的概率仅为 0.32%；灵敏性告诉我们：在感染新冠的情况下得到阴性结果的概率为 42.5%。但是这些不一定能提供我们真正想要的信息。

以假阳性为例。特异性是在未感染新冠的情况下得到阳性结果的概率。但我真正想知道的是，我得到阳性结果但我未感染新冠的可能性。为了得到这个可能性，我们需要另外两个信息。一个是感染率，另一个是有多少人接受检测。在撰写本书时，新冠的英国平均感染率约为 $\frac{40}{100000}$，而横向流动检测的数量约为每天 100 万。因此，在接受检测的 100 万人中，可能有 400 人感染新冠。其中，大约 230 人将通过检测和跟踪被检测出来。同样，在 999600 名没有感染新冠的人中，0.32% 会出现假阳性，即大约 3200 人。

我们可以说，阳性检测结果中有 3200 个是假的，而 230 个是真的。因此，您得到阳性结果而您真正感染新冠的概率是 $\frac{230}{3430}$——大约是 6.7%。实际上，事情要比这复杂得多，因为这种疾病在全国的传播并不均匀。这些数字仅适用于平均水平的地区——如果您所在的地区没有平均感染人数，那么您需要相应地调整 $\frac{40}{100000}$ 这个数字。

我们大多数人更担心假阴性而不是假阳性。假阳性只意味着您可能不得不隔离一段时间，但假阴性意味着您可能会在感染时继续工作，或者可能会患上严重疾病。灵敏性为

57.5%，是您患有该疾病的同时得到阳性结果的机会，因此您患有该疾病却得到阴性结果的概率为 42.5%。但是如果您的检测结果是阴性，那么您得这种病的可能性有多大呢？在该疾病全国感染率相同的条件下，在得到阴性结果的那些人中，996400 人确实没有得病，而 170 人得了病。所以在得到阴性结果后，您患这种疾病的概率是 $\frac{170}{996400}$，即 0.017%。

我们现在对检测结果有了更深入的理解。如果我得到阳性结果，那么虽然我应该自我隔离，但我不应该恐慌，因为我没有患病的可能性为 93.3%。尽管患这种疾病的概率很低——因为它在人群中并不常见，但我仍然需要接受检测以保护他人，因为我患这种疾病的可能性仍然高于普通人群。如果我得到阴性结果，那么尽管假阴性在总体人群中很少见，但由于检测的相对不准确性，在假设阴性结果正确之前接受第二次检测是值得的。

——> 博弈论与现实 <——

当我们将贝叶斯定理应用于现实生活中时，它似乎是违反直觉的。虽然我们并不是天生就会做数学题，但是我们的大脑似乎有执行这种机制而不需要处理数字的电路。例如，对我们运动控制方式的研究就表明，大脑能够将来自经验的数据与感官输入和产生的最终运动数据有多可靠的想法结合起来。像博弈论更传统的方面一样，贝叶斯定理给我们提供做出更好的决定的机会。

尽管大多数经济学家从未掌握博弈论的诀窍，但博弈论仍广泛应用于其他领域。对文献的搜索表明，每年有数以千计的论文在惊人的应用范围内运用博弈论。在查看2019—2020年发表的论文后我发现，特别贴切的是一篇运用博弈论来决定检测或隔离传染病患者哪个作为预防措施更有效的论文（建议是在流行率高的时候两种措施都采取，但是在流行率低的时候检测的影响大于隔离）。

其他应用了博弈论的主题包括物联网管理软件策略、劳动力限制下的供应链建模、设计绿色激励措施、推广预制建筑项目、废物管理、安排无人机充电、高速公路变道、油气管道第三方损害的风险评估、婴儿肠道细菌相互作用模型以及信用卡欺诈检测。时至今日，博弈论的方法可能不再处于数学的前沿，但博弈论的确提供了一种可以广泛应用于建模研究的强有力方法。

对我来说，虽然我不太可能在日常决策中运用博弈论，但它仍然有巨大的好处。博弈论能够帮助我们更好地感受如何在日常生活中处理困境和与他人互动，揭示我们的价值观。正如物理模型虽然是对实体世界的简化但仍然有效一样，博弈论的表格和决策树也为我们提供了人类决策、谈判和竞争的简化模型而且这些模型仍然有用。

当我们在超市选择购买哪种冰激凌时，我们不太可能绘制博弈论表，正如我们不太可能计算出扔球时涉及的牛顿动力学数据一样，但这些模型中的每一个都有助于我们更好地理解正在发生的事情。毫无疑问，当人类互动并希望做出最佳决策时，这一点尤为重要。